YUSHA'U HASSAN

Introdução à teoria e à prática da economia agrícola

YUSHA'U HASSAN

Introdução à teoria e à prática da economia agrícola

ScienciaScripts

Imprint

Cover image: www.ingimage.com

This book is a translation from the original published under ISBN 978-620-7-63995-3.

Publisher:
Sciencia Scripts
is a trademark of
Dodo Books Indian Ocean Ltd. and OmniScriptum S.R.L publishing group

120 High Road, East Finchley, London, N2 9ED, United Kingdom
Str. Armeneasca 28/1, office 1, Chisinau MD-2012, Republic of Moldova, Europe
Printed at: see last page
ISBN: 978-620-8-16517-8

Conteúdo

Yusha'u Hassan (13.02.1970) de Talata Mafara, Estado de Zamfara, Nigéria. É professor no Departamento de Economia Agrícola e Extensão, Faculdade de Agricultura, Universidade Federal de Agricultura de Zuru, Estado de Kebbi, Nigéria.

Tem havido uma necessidade crescente de compreender os problemas económicos básicos, a fim de orientar a afetação de recursos escassos. É igualmente necessário conhecer os princípios de funcionamento da mão invisível para benefício dos produtores e dos consumidores. É igualmente necessário compreender a estrutura do mercado e as estratégias de comercialização para uma empresa rentável. É igualmente necessário conhecer os princípios de uma gestão agrícola eficaz para uma empresa mais rentável. É necessário ter uma visão das políticas nacionais de desenvolvimento que podem aumentar a produtividade agrícola. Também tem havido uma necessidade crescente de reforçar os agricultores através de diferentes fontes de financiamento para facilitar as operações agrícolas. Além disso, é importante compreender outras políticas que promovem questões nacionais e internacionais para o crescimento e o desenvolvimento. É com base neste contexto que o livro pode ser utilizado por estudantes de universidades, politécnicos e escolas superiores. Pode também ser utilizado por investigadores e instituições de investigação. Pode também ser utilizado por leigos para uma leitura agradável.

CAPÍTULO 1

1.1 A NATUREZA DA ECONOMIA

A economia agrícola é uma área da economia que se ocupa da aplicação da teoria económica na otimização da produção e distribuição de produtos alimentares e de fibras. A economia agrícola começou por ser um ramo da economia que se ocupava especificamente da utilização dos solos. Centrava-se na maximização do rendimento das culturas, mantendo um bom ecossistema do solo. [th]Ao longo do século XX, a disciplina expandiu-se e o seu âmbito atual é muito mais vasto.

A economia é a ciência que trata da produção, troca e consumo de vários bens nos sistemas económicos. Mostra como os recursos escassos podem ser utilizados para aumentar a riqueza e o bem-estar humano. O foco central da economia é a escassez de recursos e as escolhas entre as suas utilizações alternativas. Os recursos ou factores de produção disponíveis para produzir bens são limitados ou escassos. Esta escassez leva as pessoas a fazer escolhas entre alternativas, e os conhecimentos de economia são utilizados para comparar as alternativas e escolher a melhor entre elas. Por exemplo, um agricultor pode cultivar arroz, cana-de-açúcar, banana, algodão, etc. no seu terreno de cultivo. Mas tem de escolher uma cultura em função da disponibilidade de água para irrigação.

Dois factores principais são responsáveis pelo aparecimento de problemas económicos. São eles: i) a existência de necessidades humanas ilimitadas e ii) a escassez de recursos disponíveis. Os numerosos desejos humanos devem ser satisfeitos através dos escassos recursos disponíveis na natureza. A economia trata da forma como os numerosos desejos humanos devem ser satisfeitos com recursos limitados. Assim, a ciência económica centra-se na **procura - esforço - satisfação.**

A economia abrange não só o comportamento dos indivíduos na tomada de decisões, mas também as variáveis macroeconómicas, como o rendimento nacional, as finanças públicas, o comércio internacional, etc.

Definições de Economia

Vários economistas definiram a economia tendo em conta diferentes aspectos. A palavra "Economia" deriva de duas palavras gregas, *oikos* (uma casa) e *nemein* (gerir), o que significa "gerir uma casa" utilizando os fundos limitados disponíveis da forma mais satisfatória possível.

Definição de riqueza

Adam Smith (1723 - 1790), no seu livro "An Inquiry into Nature and Causes of Wealth of Nations" (1776), definiu a economia como a ciência da riqueza. Explicou como é criada a riqueza de uma nação. Considerou que o indivíduo na sociedade quer promover apenas o seu próprio ganho e, ao fazê-lo, é levado por uma "mão invisível" a promover os interesses da sociedade, embora não tenha qualquer intenção real de promover os interesses da sociedade.

Crítica: Smith definiu a economia apenas em termos de riqueza e não em termos de bem-estar humano. Ruskin e Carlyle condenaram a economia como uma "ciência sombria", pois ensinava o egoísmo, o que era contrário à ética. No entanto, atualmente, a riqueza é considerada apenas um meio para atingir um fim, sendo o fim o bem-estar humano. Por conseguinte, a definição de riqueza foi rejeitada e a tónica foi deslocada da "riqueza" para o "bem-estar".

Definição de bem-estar

Alfred Marshall (1842 - 1924) escreveu um livro intitulado "Principles of Economics" (1890), no qual definiu "Economia Política" ou Economia é um estudo da humanidade nos assuntos correntes da vida; examina a parte da ação individual e social que está mais intimamente ligada à obtenção e à utilização dos requisitos materiais do bem-estar". As caraterísticas importantes da definição de Marshall são as seguintes:

a) De acordo com Marshall, a economia é um estudo do homem nos negócios comuns da vida, ou seja, o aspeto económico da vida humana.

b) A economia estuda as acções individuais e sociais destinadas a promover o bem-estar económico das pessoas.

c) Marshall faz uma distinção entre dois tipos de coisas, nomeadamente coisas materiais e coisas imateriais. As coisas materiais são aquelas que podem ser vistas, sentidas e tocadas (por exemplo, um livro, arroz, etc.). As coisas imateriais são aquelas que não podem ser vistas, sentidas e tocadas. (Por exemplo, a perícia na utilização de uma máquina de lavar roupa, de um trator, etc., o cultivo de variedades híbridas de algodão, etc.). Na sua definição, Marshall considerou apenas as coisas materiais que são capazes de promover o bem-estar das pessoas.

Crítica:

a) Marshall considerou apenas as coisas materiais. Mas as coisas imateriais, como os serviços de um médico, de um professor, etc., também promovem o bem-estar das pessoas.

b) Marshall faz uma distinção entre (i) as coisas que são capazes de promover o bem-estar das pessoas e (ii) as coisas que não são capazes de promover o bem-estar das pessoas. Mas tudo o que (por exemplo) o licor, que não é capaz de promover o bem-estar, mas que tem um preço, é abrangido pelo âmbito de aplicação da economia.

c) A definição de Marshall baseia-se no conceito de bem-estar. Mas não existe uma definição clara de bem-estar. O significado de bem-estar varia de pessoa para pessoa, de país para país e de um período para outro. No entanto, em geral, bem-estar significa felicidade ou condições de vida confortáveis para um indivíduo ou grupo de pessoas. O bem-estar de um indivíduo ou de uma nação depende não só da riqueza que possui, mas também das actividades políticas, sociais e culturais da nação.

Definição de crescimento

Paul Samuelson definiu a economia como "o estudo da forma como os homens e a sociedade escolhem, com ou sem a utilização de dinheiro, empregar recursos produtivos escassos que poderiam ter utilizações alternativas, produzir vários bens ao longo do tempo e distribuí-los para consumo, agora e no futuro, entre várias pessoas e grupos da sociedade".

As principais implicações desta definição são as seguintes:

a) Samuelson tornou a sua definição dinâmica ao incluir nela o elemento tempo. Por conseguinte, abrange a teoria do crescimento económico.

b) Samuelson sublinhou o problema da escassez de meios em relação a fins ilimitados. Não só os meios são escassos, como também podem ser utilizados para fins alternativos.

c) A definição abrange vários aspectos como a produção, a distribuição e o consumo.

A economia é, portanto, corretamente considerada como o estudo da afetação de recursos escassos (em relação a fins ilimitados) e dos factores determinantes do rendimento, da produção, do emprego e do crescimento económico.

1.2 OS PROBLEMAS ECONÓMICOS

O problema económico é o desafio fundamental que todas as sociedades enfrentam, ou seja, como satisfazer desejos e necessidades ilimitados com recursos limitados. Uma vez que recursos como a terra, o trabalho e o capital são escassos, as pessoas e as sociedades têm de fazer escolhas sobre a forma de os afetar.

Os economistas chamam a esta falta de recursos escassez. Mas aqui está a verdadeira questão: a população mundial está a aumentar e todos têm desejos e necessidades. Haverá recursos suficientes para satisfazer todos esses desejos?

A escassez ocorre quando a sociedade não pode satisfazer todos os seus desejos porque os recursos são limitados.

Bem, está certamente no sítio certo para encontrar a resposta a esta pergunta no momento certo. Porque se está a ler este artigo, isso significa que está interessado em Economia. A economia é uma ciência social que estuda a forma como as pessoas tentam satisfazer os seus desejos ilimitados através da afetação cuidadosa de recursos escassos.

Necessidades vs. Desejos

Para descobrir a resposta à nossa pergunta, vamos primeiro tentar classificar os desejos humanos em necessidades e desejos. Uma necessidade é definida como algo necessário para a sobrevivência. Pode parecer vago, mas o vestuário, o abrigo e a alimentação essenciais são normalmente classificados como necessidades. Toda a gente precisa destas coisas básicas para sobreviver. É assim tão simples! Então, o que são desejos? Um desejo é algo que gostaríamos de ter, mas cuja sobrevivência não depende dele.

Uma necessidade é algo necessário para a sobrevivência.

Um desejo é algo que gostaríamos de ter, mas que não é necessário para a sobrevivência.

Quais são as três questões económicas fundamentais?

- O que produzir?
- Como produzir?
- Para quem produzir?

O que têm elas a ver com o problema económico fundamental? Bem, estas questões fornecem um quadro básico para a afetação de recursos escassos.

O problema económico: o que produzir?

Esta é a primeira questão que precisa de ser respondida se a sociedade quiser afetar os seus recursos de forma eficiente. É claro que nenhuma sociedade se pode sustentar se todos os recursos forem gastos na defesa e nenhum for gasto na produção de alimentos. Esta primeira e principal questão ajuda a identificar um conjunto de coisas de que a sociedade precisa para se manter em equilíbrio.

O problema económico: como produzir?

Como devem ser atribuídos os factores de produção para produzir as coisas necessárias? Qual seria a forma mais eficiente de produzir alimentos e qual seria a forma mais eficiente de produzir automóveis? Qual é a quantidade de mão de obra existente numa comunidade? Como é que estas escolhas afectam a acessibilidade do produto final? Todas estas questões estão densamente combinadas numa única questão - como produzir?

O problema económico: para quem produzir?

Por último, mas não menos importante, a questão de saber quem será o utilizador final dos produtos fabricados é importante. As escolhas feitas ao responder à primeira das três perguntas significam que os recursos escassos foram utilizados para criar um conjunto de produtos específicos. Isto implica que pode não haver quantidade suficiente de uma coisa específica para toda a gente. Imagine que muitos recursos foram afectados à produção de alimentos. Isto significa que nem toda a gente nessa sociedade pode ter um carro.

O problema económico e os factores de produção

Poderá estar a perguntar-se: o que constituem exatamente estes recursos escassos que estamos a tentar utilizar para produzir as coisas de que necessitamos? Bem, os economistas referem-se a eles como factores de produção. Em termos simples, os factores de produção são os inputs utilizados no processo de produção.

Existem quatro factores de produção, que são:

1. Terreno
2. Trabalho
3. Capital
4. Empreendedorismo

O quadro seguinte apresenta uma panorâmica dos quatro factores de produção.

A terra é, sem dúvida, o fator de produção mais denso. Contém a terra para fins agrícolas ou de construção, ou de extração mineira, por exemplo. No entanto, a terra também inclui todos os recursos naturais, como o petróleo e o gás, o ar, a água e até o vento.

A mão de obra é um fator de produção que se refere às pessoas e ao seu trabalho. Quando alguém trabalha para produzir um bem ou um serviço, o seu trabalho é um fator de produção. Todos os empregos e profissões em que se possa pensar são classificados como trabalho, desde mineiros a cozinheiros, advogados e escritores.

O capital como fator de produção inclui itens como maquinaria, equipamento e ferramentas utilizados para produzir o bem ou serviço final. Não confundir com capital financeiro - dinheiro utilizado para financiar um determinado projeto ou empreendimento. A ressalva em relação a este fator de produção é que tem de ser fabricado antes de poder ser utilizado como um fator de produção no processo de produção.

O espírito empresarial é também um fator de produção! Distingue-se dos outros factores de produção por três razões:

1. Implica o risco de perder o dinheiro que o empresário investe no projeto.
2. O próprio espírito empresarial pode criar oportunidades para empregar mais mão de obra.
3. Um empresário organiza os outros factores de produção de forma a obter o processo de produção mais optimizado.

1.3 ECONOMIA AGRÍCOLA

A economia agrícola pode ser vista como o processo de utilização adequada dos recursos humanos e naturais, de modo a que os recursos escassos sejam atribuídos com o objetivo de obter o máximo rendimento ou satisfação.

Especificamente, podemos dizer que a economia agrícola inclui a escolha da agricultura como ocupação, a escolha entre cultivador e criação de animais, maquinaria e mão de obra; combinação de vários factores de produção, intensidade do cultivo, irrigação, estrume, comercialização, conservação do solo, sistema de receitas da terra, custos.

A economia agrícola é uma área da economia que se ocupa da aplicação da teoria económica na otimização da produção e distribuição de produtos alimentares e de fibras. A economia agrícola começou por ser um ramo da economia que se ocupava especificamente da utilização dos solos. Centrava-se na maximização do rendimento das culturas, mantendo um bom ecossistema do solo. [th]Ao longo do século XX, a disciplina expandiu-se e o seu âmbito atual é muito mais vasto.

A teoria económica baseia-se no pressuposto de que os investidores e os consumidores são máquinas racionais e muito "eficientes", ou seja, que fazem as melhores escolhas para si próprios. Os testes laboratoriais revelam que o comportamento dos investidores é muito mais complicado em relação ao comportamento assumido na maioria das teorias económicas.

1.4 ÂMBITO DA ECONOMIA AGRÍCOLA

As definições acima referidas indicam o âmbito da economia agrícola. O tema comum da escassez de recursos e da multiplicidade de utilizações é transversal a quase todas estas definições. Deste modo, a economia agrícola não é muito diferente da economia geral. Todos os instrumentos de análise utilizados na economia geral são igualmente utilizados na economia agrícola. Os ramos da economia agrícola são os mesmos que os da economia geral, ou seja, a economia da produção, do consumo, da distribuição, da comercialização, do financiamento, do planeamento e da elaboração de políticas. Em geral, é também efectuado um estudo a nível micro e macroeconómico do sector agrícola. As análises estáticas e dinâmicas são igualmente pertinentes para o sector agrícola da economia. Para ser mais específico, estas definições indicam que a economia agrícola examina a forma como um agricultor escolhe entre várias empresas, por exemplo, a produção de culturas ou a criação de gado, e como escolhe várias actividades na mesma empresa, por exemplo, que cultura cultivar e que cultura abandonar; como minimizar os custos; que combinação de factores de produção para uma atividade deve ser selecionada; que quantidade de cada cultura deve ser produzida; que tipo de relação comercial o agricultor deve ter com as pessoas a quem compra os seus factores de produção ou a quem vende o seu produto. A economia agrícola não estuda apenas o comportamento de um agricultor ao nível da exploração agrícola. Esta é, de certa forma, a análise micro. Os problemas agrícolas têm também um aspeto macro. A instabilidade da agricultura e o desemprego agrícola são os problemas que devem ser tratados, principalmente a nível macroeconómico. Existem problemas gerais de crescimento agrícola e problemas como os relativos aos sistemas e regimes de propriedade, à investigação e aos serviços de extensão, que são predominantemente de carácter macro. Estes problemas, a sua origem, o seu impacto e as suas soluções são objeto da economia agrícola. O âmbito da economia agrícola é mais vasto do que a "mera economia de recursos". A agricultura é, como se sabe, um sector importante da economia global. A dependência mútua dos vários sectores da economia está bem estabelecida. O crescimento de um sector é necessário para o crescimento dos outros sectores. Assim, na economia agrícola, estuda-se a forma como o desenvolvimento da agricultura contribui para o desenvolvimento dos outros sectores da economia; como podem a mão de obra e o capital fluir para os sectores não agrícolas; como o desenvolvimento agrícola inicia e sustenta o desenvolvimento dos outros sectores da economia. Isto implica que a economia agrícola não se preocupa apenas com a utilização de recursos escassos na agricultura propriamente dita, mas também examina os princípios relativos ao fluxo de recursos escassos para outros sectores da economia e o fluxo desses recursos de outros sectores para o próprio sector agrícola.

1.5 O CONCEITO DE CUSTO DE OPORTUNIDADE

Custos de oportunidade: representam os benefícios potenciais que um indivíduo, investidor ou empresa perde ao escolher uma alternativa em vez de outra. Como os custos de oportunidade não são visíveis por definição, podem ser facilmente ignorados. Compreender as potenciais oportunidades perdidas quando uma empresa ou um indivíduo escolhe um investimento em detrimento de outro permite uma melhor tomada de decisões.

PRINCIPAIS CONCLUSÕES

> O custo de oportunidade é o benefício perdido que teria sido obtido com uma opção não escolhida.

> Para avaliar corretamente os custos de oportunidade, os custos e benefícios de cada opção disponível devem ser considerados e ponderados em relação aos outros.

> Considerar o valor dos custos de oportunidade pode orientar os indivíduos e as organizações para uma tomada de decisões mais rentável.

> O custo de oportunidade é um custo estritamente interno utilizado para contemplação estratégica; não está incluído no lucro contabilístico e está excluído dos relatórios financeiros externos.

> Exemplos de custos de oportunidade incluem o investimento numa nova fábrica em Los Angeles em vez de na Cidade do México, a decisão de não atualizar o equipamento da empresa ou a opção pela embalagem mais cara do produto em vez de opções mais baratas.

A diferença entre custo de oportunidade e custo irrecuperável

Um custo irrecuperável é o dinheiro já gasto no passado, enquanto o custo de oportunidade é o rendimento potencial não obtido no futuro com um investimento porque o capital foi investido noutro local. Ao considerar o custo de oportunidade, quaisquer custos irrecuperáveis incorridos anteriormente são ignorados, a menos que existam resultados variáveis específicos relacionados com esses fundos.

Comprar 1.000 acções da empresa A a $10 por ação, por exemplo, representa um custo irrecuperável de $10.000. Este é o montante de dinheiro pago para investir, e recuperar esse dinheiro exige a liquidação das acções. Em vez disso, o custo de oportunidade pergunta onde é que esses $10.000 poderiam ter sido mais bem empregues.

Do ponto de vista contabilístico, um custo irrecuperável pode também referir-se ao desembolso inicial para comprar uma peça de equipamento pesado dispendioso, que pode ser amortizado ao longo do tempo, mas que é irrecuperável no sentido em que não será recuperado.

Um custo de oportunidade seria considerar os rendimentos perdidos, possivelmente obtidos noutro lugar, quando se compra uma peça de equipamento pesado com um ROI esperado de 5% contra um com um ROI de 4%. Mais uma vez, um custo de oportunidade descreve os rendimentos que se poderia ter obtido se o dinheiro tivesse sido investido noutro instrumento. Assim, enquanto 1.000 acções da empresa A podem ser vendidas a $12 por ação, gerando um lucro de $2.000, a empresa B aumentou o seu valor de $10 por ação para $15 durante o mesmo período.

1.6 PROCURA DE PRODUTOS AGRÍCOLAS

O que é a procura?

Procura: é um conceito económico relacionado com o desejo de um consumidor de adquirir bens e serviços e a sua disponibilidade para pagar um determinado preço por eles. Um aumento do preço de um bem ou serviço tende a diminuir a quantidade procurada. Da mesma forma, uma diminuição do preço de um bem ou serviço aumentará a quantidade procurada.

Procura: é um conceito com o qual os consumidores e as empresas estão muito familiarizados, porque faz sentido e ocorre naturalmente no decurso de praticamente qualquer dia. Por exemplo, os compradores que estão de olho nos produtos que desejam compram mais quando os preços dos produtos são baixos. Quando acontece algo que faz subir os preços, como uma mudança de estação, os compradores compram menos ou talvez não comprem nada.

Em termos gerais, existe uma procura de mercado e uma procura agregada. A procura de mercado é a quantidade total procurada por todos os consumidores num mercado para um determinado bem. A procura agregada é a procura total de todos os bens e serviços numa economia. Muitas vezes, são necessárias estratégias de armazenamento múltiplas para responder à procura.

PRINCIPAIS CONCLUSÕES

> A lei da procura diz respeito ao desejo variável dos consumidores de adquirirem bens e serviços a determinados preços.

> A procura pode referir-se quer à procura de mercado de um bem específico, quer à procura agregada do total de todos os bens numa economia.

> A procura e a oferta determinam os preços reais dos bens e o volume que muda de mãos num mercado.

> As empresas estudam a procura para fixar o preço dos produtos de modo a satisfazer a procura e gerar lucros.

> A curva da procura demonstra visualmente como a diminuição do preço de um produto aumenta a quantidade comprada.

Compreender a procura

As empresas podem gastar uma quantia considerável de dinheiro para determinar a quantidade de procura que o público tem para os seus produtos e serviços. Quantos dos seus produtos serão efetivamente capazes de vender a um determinado preço.

Estimativas incorrectas podem resultar na perda de vendas de compradores dispostos a comprar, se a procura for subestimada, ou em perdas de existências excedentárias, se a procura for sobrestimada. A procura ajuda a alimentar os lucros e a economia. É por isso que se trata de um conceito importante.

A procura está intimamente relacionada com o conceito de oferta. Enquanto os consumidores tentam pagar os preços mais baixos possíveis pelos bens e serviços, os fornecedores tentam maximizar os lucros.

Se os fornecedores cobrarem demasiado por um produto, a quantidade procurada diminui e os fornecedores podem não vender produtos suficientes para obterem lucros suficientes. Se os fornecedores cobrarem demasiado pouco, a quantidade procurada aumenta, mas os preços mais baixos podem não cobrir os custos dos fornecedores nem permitir a obtenção de lucros.

Alguns factores que afectam a procura incluem a atração de um bem ou serviço, a disponibilidade de bens concorrentes, a disponibilidade de financiamento e a perceção da disponibilidade de um bem ou serviço.

1.7 CALENDÁRIO DA PROCURA?

Em economia, um plano de procura é um quadro que mostra a quantidade procurada de um bem ou serviço a diferentes níveis de preços. Um plano de procura pode ser representado graficamente como uma curva de procura contínua num gráfico em que o eixo Y representa o preço e o eixo X representa a quantidade.

PRINCIPAIS CONCLUSÕES

> Os analistas podem estimar a procura de um bem em qualquer ponto do plano de procura.

> Os calendários da procura, utilizados em conjunto com os calendários da oferta, fornecem uma representação visual da dinâmica da oferta e da procura de um mercado.

> Os planos de procura são utilizados para prever as matérias-primas e a mão de obra necessárias durante o fabrico, caso a administração decida vender os produtos a um determinado preço em detrimento de outro.

> Os planos de procura informam a gestão da elasticidade de um produto, a resposta da procura de um bem com base na alteração dos preços.

> Os planos de procura têm limitações, uma vez que têm de ser continuamente revistos para corresponder às verdadeiras expectativas do mercado e não incorporam impactos não financeiros na procura.

Um plano de procura é geralmente constituído por duas colunas. A primeira coluna indica o preço de um produto por ordem crescente ou decrescente. A segunda coluna indica a quantidade do produto desejada ou procurada a esse preço. O preço é determinado com base numa pesquisa de mercado.

Quando os dados do plano de procura são representados graficamente para criar a curva da procura, esta fornece uma demonstração visual da relação entre preço e procura, permitindo uma estimativa fácil da procura de um produto ou serviço em qualquer ponto ao longo da curva.

Programa de produção, exemplo (apenas mercado)

Preço por TV	**Estimativa da procura**
$1,500	1,000
$1,250	1,250
$1,000	2,000
$850	3,000
$750	5,000

Com base neste plano, a empresa apercebe-se de que existe uma procura substancial do produto à medida que o preço diminui (o que é normal para a lei da procura). No entanto, a empresa está desiludida com a rapidez com que a programação da procura parece ter caído quando o preço do televisor ultrapassa os $1.000. A empresa decide fazer outro estudo de mercado, mas desta vez aborda dois mercados geográficos.

Programa de produção, exemplo (dois mercados)

Preço por TV	**Procura estimada (mercado 1)**	**Procura estimada (mercado 2)**
$1,500	1,000	300
$1,250	1,250	325
$1,000	2,000	350
$850	3,000	350
$750	5,000	400

Podem retirar-se várias conclusões deste segundo plano da procura. Em primeiro lugar, a curva da procura é muito menos acentuada; os consumidores do segundo mercado não têm uma maior procura do televisor à medida que o preço diminui, como no primeiro mercado. A outra conclusão principal é que a procura é simplesmente menor. Por esta razão, a empresa poderia aproveitar esta informação para (1) tentar vender menos televisores no segundo mercado a um preço mais elevado e (2) tentar vender mais televisores no primeiro mercado a um preço mais baixo.

1.8 CURVA DA PROCURA?

A curva da procura é uma representação gráfica da relação entre o preço de um bem ou serviço e a quantidade procurada durante um determinado período de tempo. Numa representação típica, o preço aparece no eixo vertical esquerdo enquanto a quantidade procurada está no eixo horizontal.

A curva da procura não tem o mesmo aspeto para todos os produtos ou serviços. Quando o preço aumenta, a procura geralmente cai para quase todos os bens, mas a queda é muito maior para alguns bens do que para outros. Este é um reflexo da elasticidade-preço da procura, uma medida da alteração no consumo de um produto em relação a uma alteração no seu preço. A elasticidade da procura de produtos varia entre e dentro das categorias de produtos, dependendo da substituibilidade do produto.

PRINCIPAIS CONCLUSÕES

- A curva da procura é um gráfico que mostra a relação entre o preço de um bem ou serviço e a quantidade procurada num determinado período de tempo.
- As curvas da procura podem ser utilizadas para compreender a relação preço-quantidade dos consumidores num determinado mercado, como o do milho ou da soja.
- A curva da procura desce geralmente da esquerda para a direita, devido à lei da procura, enquanto a quantidade procurada diminui à medida que o preço aumenta para a maioria dos bens.
- Alterações em factores para além do preço e da quantidade podem deslocar uma curva da procura para a direita ou para a esquerda.
- Existem algumas excepções à relação entre o preço e a procura, incluindo os bens de Giffen e os bens de Veblen.

Compreender a curva da procura

Como já foi referido, a curva da procura é um gráfico comummente utilizado que representa a relação entre os preços e a quantidade total de bens e serviços procurados durante um determinado período de tempo. Os preços aparecem normalmente no eixo y, enquanto a procura é representada no eixo x.

Esta curva desloca-se geralmente em sentido descendente da esquerda para a direita. Este movimento exprime a lei da procura, que afirma que, à medida que o preço de uma determinada mercadoria aumenta, a quantidade procurada diminui, desde que tudo o resto seja igual.

Note-se que esta formulação implica que o preço é a variável independente e a quantidade é a variável dependente. Na maioria das disciplinas, a variável independente aparece no eixo horizontal ou *x*, mas a economia é uma exceção a esta regra.

Por exemplo, se o preço do milho aumentar, os consumidores terão um incentivo para comprar menos milho e substituí-lo por outros alimentos, pelo que a quantidade total de milho que os consumidores procuram diminuirá.

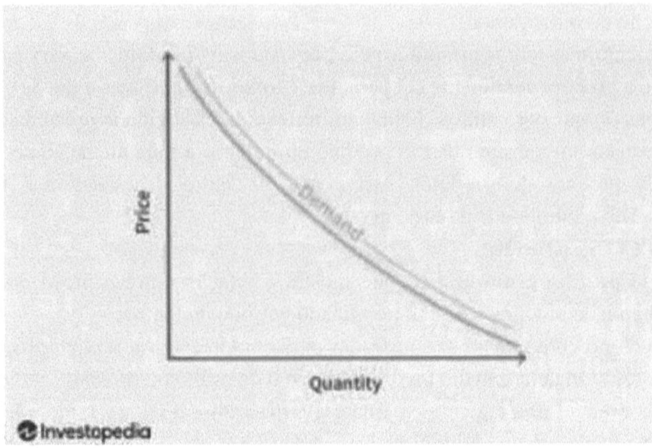

Tipos de curvas de procura

Existem dois tipos de curva de procura: uma curva de procura individual e uma curva de procura de mercado.

Curva da procura individual

Uma curva de procura individual é uma curva que examina a relação preço-quantidade para um consumidor individual, ou a quantidade de um produto que um indivíduo comprará a um determinado preço.

Digamos que o preço de uma fatia de piza é de $1,50 e que o Joel está habituado a comprar quatro fatias para o almoço todos os dias de trabalho (4 x $1,50 x 5 = $30). Se o preço baixar para 1$ a fatia, quatro fatias custarão ao Joel 20$ (4 x 1$ x 5) e o Joel poderá exigir seis fatias em vez de quatro.

Mas se o preço baixar para 75 cêntimos a fatia, ele poderá pedir oito fatias por dia. Com a informação sobre o preço e o número de fatias que o Joel irá procurar a esse preço, seria possível traçar uma curva de procura individual.

Curva de procura do mercado

A curva da procura traça a procura de um consumidor individual, daí o nome curva da procura individual. Mas não tem em conta mercados inteiros. É aí que entra a curva de procura do mercado.

Uma curva de procura de mercado é a soma das curvas de procura individuais num determinado mercado. Mostra a quantidade de um bem procurado por todos os indivíduos a preços variáveis. Tenha em mente que este gráfico não descreve o que os consumidores querem. Em vez disso, mostra os bens e serviços que eles comprarão se tiverem poder de compra para o fazer.

Determinar a curva de procura do mercado é tão fácil como somar todas as curvas de procura individuais. Esta é então traçada ao longo do eixo horizontal ou x do gráfico. Ao contrário das curvas de procura individuais, que são geralmente mais inclinadas, as curvas de procura do mercado tendem a ser mais planas. Isto deve-se ao facto de a procura no mercado ser mais proporcional à variação dos preços do que à variação da procura individual.

1.9 FACTORES QUE AFECTAM A PROCURA:

1) **O preço da mercadoria**: Quando o preço de uma mercadoria sobe ou aumenta, mantendo os outros factores constantes, a quantidade procurada dessa mercadoria deverá

baixar, sendo esta a lei da procura.

2) **Rendimento**: Para os bens normais, espera-se que, quando o rendimento de um consumidor aumenta, a quantidade que o consumidor procura aumente. Por outro lado, quando o seu rendimento diminui, a quantidade que procura diminui ou os serviços diminuem.

3) **Preço de outros produtos de base**: Quando o preço de outros produtos varia, é provável que afecte a quantidade procurada desse produto, consoante se trate de um produto substituto ou complementar. Se for um substituto, haverá uma diminuição da quantidade e se for um complementar, haverá um aumento.

4) **Gosto e paixão**: Quando há um aumento do gosto e da paixão por uma mercadoria, espera-se que a procura dessa mercadoria aumente, mantendo-se os outros factores constantes, e vice-versa.

1.10FORNECIMENTO DE PRODUTOS AGRÍCOLAS:

O conceito económico fundamental que indica a quantidade total de um determinado produto ou serviço que está disponível para os clientes é conhecido como "**oferta**". Está intimamente relacionado com a procura e anda de mãos dadas com ela. Quando a oferta excede a procura de um produto ou serviço, os preços desse produto descem. Este facto é conhecido como a lei da oferta e da procura. A sua relação afecta fortemente o preço dos bens e é um tema muito importante no domínio da economia.

O que é a oferta?

A oferta está relacionada com o preço dos produtos, uma vez que existe um incentivo para fornecer a um preço mais elevado, uma vez que preços mais elevados produzem maiores receitas e lucros. As empresas querem sempre obter lucros e, por isso, é mais provável que fabriquem mais produtos a preços mais elevados. Quando o preço dos bens ou serviços é baixo, a oferta é baixa, e quando o preço é alto, a oferta também é alta. Por conseguinte, alterações significativas dos preços também afectariam o equilíbrio do mercado económico.

Compreender a oferta

A relação entre a oferta e a procura constitui uma base sólida para a economia moderna. Cada produto ou serviço tem a sua oferta e procura no mercado. Por conseguinte, esses produtos também têm padrões de oferta e procura baseados no custo, na utilidade e na preferência. Por exemplo, suponhamos que existe uma procura significativa de um determinado bem, o que faz com que as pessoas estejam dispostas a comprar o produto a um preço mais elevado. Nesse caso, as empresas esforçar-se-ão por aumentar a oferta. Assim que a oferta aumenta muito, os preços descem, se a procura se mantiver inalterada. Num caso ideal, o mercado económico atingirá um ponto de equilíbrio em que a oferta se torna igual à procura a um determinado preço. Neste ponto específico de equilíbrio, o lucro da empresa é maximizado.

Enquanto se mantiver o ponto de equilíbrio, os fabricantes continuam a maximizar os lucros e os clientes a maximizar a utilidade. Qualquer aumento da oferta no mercado levará a que as empresas percam lucros e, por conseguinte, reduzam a oferta. Isto conduzirá a uma descida dos preços até se atingir novamente um ponto de equilíbrio.

Existem alguns factores de oferta de bens e serviços. Estes factores são:

> Preço dos bens ou serviços

> Preço de produção

> Preço dos factores de produção

> Número de unidades de produção

> Tecnologia de produção

> Expectativa do produtor

> Políticas do Governo

As empresas produtoras que fornecem a oferta têm de ser rápidas a prever uma alteração dos preços e reagir em conformidade com as alterações da procura. Infelizmente, apesar dos melhores analistas do sector, alguns factores de mercado tornam difícil prever estas alterações com precisão.

Noções básicas de aprovisionamento

As noções básicas de aprovisionamento assentam em fórmulas matemáticas e nas suas aplicações. Embora tudo o que é procurado e vendido no mercado económico seja designado por oferta, o termo é geralmente utilizado para produtos, bens e serviços. O fator mais importante para a oferta é o preço do produto. Se o preço de um produto aumenta, a oferta do produto também aumenta. O preço dos bens relacionados e os preços dos factores de produção, como o custo da energia, o custo das matérias-primas e a mão de obra, também aumentam o preço total de venda do produto.

Os vários tipos de fornecimento são:

Oferta de curto prazo: A capacidade dos consumidores para comprar produtos é limitada pela oferta disponível. Não podem comprar mais do que os bens fornecidos.

Fornecimento a longo prazo: O fator de disponibilidade de tempo quando a procura muda, o que dá ao fornecedor uma forma de se ajustar à rápida mudança na procura.

Fornecimento conjunto: O fornecimento de produtos produzidos e vendidos conjuntamente.

Fornecimento composto: O fornecimento de um produto através das suas diferentes fontes, quando o produto serve mais do que um objetivo.

Abastecimento do mercado: O desejo e a capacidade global dos fornecedores de abastecer regularmente o mercado com produtos específicos.

Porque é que a oferta é importante?

A oferta é essencial porque assegura a produção de bens em quantidade suficiente para que a procura desses bens por parte dos consumidores se mantenha. Normalmente, se a oferta for inferior à procura, o preço desse bem aumentará. Este calendário ou curva de oferta determina a quantidade de um bem que é produzida a um determinado nível de preços.

Como é que o aprovisionamento afecta uma empresa?

A oferta ajuda uma empresa a garantir que um determinado número dos seus produtos seja disponibilizado ao mercado a diferentes níveis de preços para satisfazer as necessidades da procura dos consumidores. Se houver um excesso de oferta, o preço do produto diminui. Se a oferta for insuficiente, o preço do produto aumenta. A oferta afecta a margem de lucro de uma empresa.

1.11CALENDÁRIO DE FORNECIMENTO

O plano de fornecimento é uma representação tabular das várias quantidades de mercadorias que são fornecidas por um fornecedor a diferentes níveis de preços durante um período de tempo.

O plano de abastecimento mostra a relação entre o preço dos bens e a quantidade de bens fornecidos. Pode também dizer-se que o plano de abastecimento é uma representação da lei do abastecimento sob a forma de um quadro.

A lei da oferta estabelece que, com a descida do preço de uma mercadoria, haverá uma diminuição da oferta e, do mesmo modo, quando o preço de uma mercadoria aumenta, isso resultará num aumento da oferta de mercadorias no mercado, mantendo todos os outros factores constantes.

Tipos de calendário de fornecimento

À semelhança do programa de procura, existem dois tipos de programas de fornecimento, que são

- Calendário de fornecimento individual
- Calendário de abastecimento do mercado

Nas linhas que se seguem, dê-nos mais informações sobre os tipos de horários de abastecimento.

Plano de fornecimento individual: O plano de fornecimento individual é uma declaração tabular das várias quantidades de produto que são fornecidas por um indivíduo ou uma empresa a vários níveis de preços durante um período de tempo, com todos os outros factores constantes.

Plano de abastecimento do mercado: O plano de abastecimento do mercado é uma declaração tabular das várias quantidades do produto que todos os fornecedores no mercado estão dispostos a fornecer a vários níveis de preços durante um período de tempo específico.

Um mercado estará repleto de fornecedores que fornecerão uma determinada mercadoria e todos estes fornecedores terão os seus calendários de fornecimento individuais. Por conseguinte, o abastecimento do mercado

Eis um exemplo de um plano de abastecimento do mercado da gasolina:

Preço (por galão)	**Quantidade fornecida (milhões de galões)**
\[\$1.00\]	\[500\]
\[\$1.20\]	\[550\]
\[\$1.40\]	\[600\]
\[\$1.60\]	\[640\]
\[\$1.80\]	\[680\]
\[\$2.00\]	\[700\]
\[\$2.20\]	\[720\]

O preço é medido em dólares por galão de gasolina e a quantidade fornecida é medida em milhões de galões.

Aqui está a mesma informação mostrada como uma curva de oferta com a quantidade no eixo horizontal e o preço por galão no eixo vertical. Note-se que se trata de uma exceção à regra normal da matemática, segundo a qual a variável independente se situa no eixo horizontal e a variável dependente no vertical.

1.12CURVA DE FORNECIMENTO?

Definição da curva de oferta: Como funciona com exemplos

O que é uma curva de oferta?

A curva de oferta é uma representação gráfica da correlação entre o custo de um bem ou serviço e a quantidade fornecida num determinado período. Numa ilustração típica, o preço aparecerá no eixo vertical esquerdo, enquanto a quantidade oferecida aparecerá no eixo horizontal.

PRINCIPAIS CONCLUSÕES

- Na maioria das curvas de oferta, à medida que o preço de um bem aumenta, a quantidade de bens fornecidos também aumenta.
- As curvas de oferta podem muitas vezes mostrar se uma mercadoria vai registar um aumento ou uma diminuição de preço com base na procura, e vice-versa.
- A curva de oferta é mais rasa (mais próxima da horizontal) para produtos com uma oferta mais elástica e mais inclinada (mais próxima da vertical) para produtos com uma oferta menos elástica.
- A curva de oferta, juntamente com a curva de procura, são as componentes principais da lei da oferta e da procura.

Como funciona uma curva de oferta

A curva da oferta deslocar-se-á para cima, da esquerda para a direita, o que exprime a lei da oferta: À medida que o preço de uma determinada mercadoria aumenta, a quantidade oferecida aumenta (se tudo o resto for igual).

Note-se que esta formulação implica que o preço é a variável independente e a quantidade a variável dependente. Na maioria das disciplinas, a variável independente aparece no eixo horizontal ou x, mas a economia é uma exceção a esta regra.

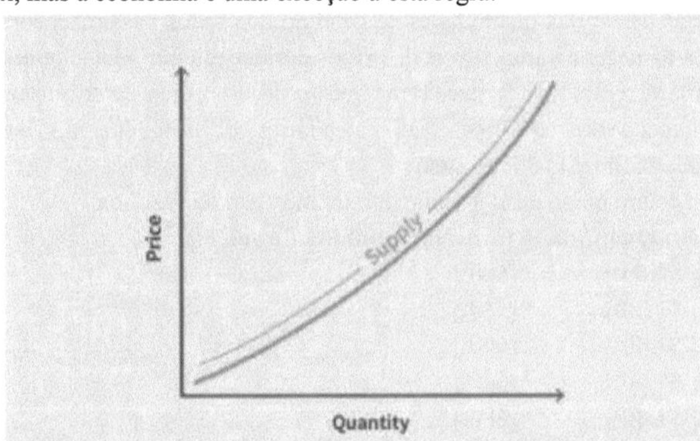

Se um fator para além do preço ou da quantidade se alterar, é necessário traçar uma nova curva de oferta. Por exemplo, digamos que alguns novos produtores de soja entram no mercado, derrubando florestas e aumentando a quantidade de terra dedicada ao cultivo de soja. Neste cenário, serão produzidos mais grãos de soja, mesmo que o preço permaneça o mesmo, o que significa que a própria curva de oferta se desloca para a direita (S_2) no gráfico abaixo. Por outras palavras, a oferta aumentará.

Outros factores podem também deslocar a curva de oferta, como uma alteração no preço da produção. Se uma seca provocar um aumento do preço da água, a curva deslocar-se-á para a esquerda (s_3). Se o preço de um substituto - na perspetiva do fornecedor - como o milho aumentar, os agricultores passarão a cultivá-lo, e a oferta de soja diminuirá (S3).

Se uma nova tecnologia, como uma semente resistente a pragas, aumentar o rendimento, a curva de oferta deslocar-se-á para a direita (S_2). Se o preço futuro da soja for mais elevado do que o preço atual, a oferta deslocar-se-á temporariamente para a esquerda (s_3), uma vez que os produtores têm um incentivo para esperar para vender.

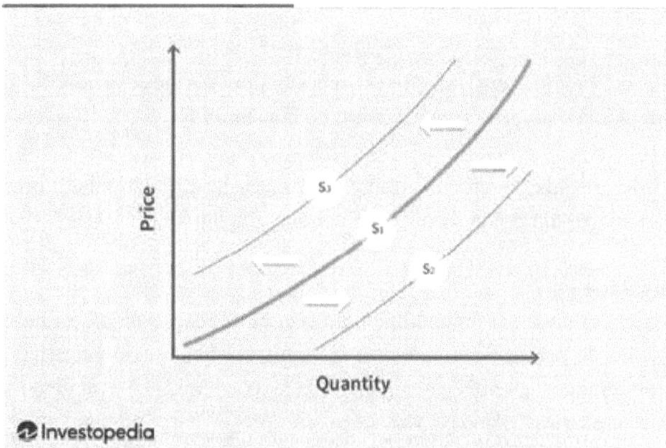

Exemplo de curva de oferta

Se o preço da soja subir, os agricultores terão um incentivo para plantar menos milho e mais soja, e a quantidade total de soja no mercado aumentará.

O grau em que o aumento dos preços se traduz num aumento da quantidade é designado por elasticidade da oferta ou elasticidade-preço da oferta. Se um aumento de 50% nos preços da soja faz com que o número de grãos de soja produzidos aumente 50%, a elasticidade da oferta de soja é 1.

Por outro lado, se um aumento de 50% nos preços da soja apenas aumenta a quantidade oferecida em 10%, a elasticidade da oferta é de 0,2. A curva de oferta é mais rasa (mais próxima da horizontal) para produtos com oferta mais elástica e mais inclinada (mais próxima da vertical) para produtos com oferta menos elástica.

1.13FACTORES QUE AFECTAM A OFERTA:

i. **Preço da mercadoria**: quando o preço da mercadoria sobe, o produtor da mercadoria tende a obter mais rendimentos, o que acabará por dar a capacidade de produzir mais dessa mercadoria e, por conseguinte, colocar mais no mercado para venda.

ii. Custo de produção da mercadoria: quando o preço dos factores de produção aumenta, o produtor pode empregar apenas alguns deles, produzindo assim menos para o mercado.

iii. Mudança tecnológica quando o produtor está a utilizar uma nova tecnologia, a produção custar-lhe-á menos e será obtida uma maior produção, que acabará por ser fornecida ao mercado.

iv. Condições climatéricas: quando as condições climatéricas, nomeadamente a chuva, são bem distribuídas e a colheita é boa, o produtor traz mais para o mercado.

Isto implica que, do lado da procura, à medida que o preço de uma mercadoria aumenta, a quantidade procurada pelo consumidor tenderá a diminuir, porque o aumento do preço terá efeitos na quantidade procurada e no rendimento do consumidor. Do mesmo modo, do lado da oferta, um aumento do preço de uma mercadoria conduzirá eventualmente a um aumento do rendimento dos produtores, o que poderá aumentar a capacidade de produção do produtor e, no final, este poderá produzir mais e fornecer mais ao mercado.

1.14ELASTICIDADE DA PROCURA

Elasticidade da procura: é a medida em que a quantidade procurada de um produto responde às variações do rendimento do consumidor, do preço de outro produto e do seu próprio preço.

i. A elasticidade-preço da procura refere-se à capacidade de reação da quantidade procurada devido à alteração do preço do produto.

%ΔQd/%ΔP

ii. Elasticidade da procura em função do rendimento: descreve a reação da quantidade procurada de um bem à variação do rendimento do consumidor

%ΔQd/%ΔI

iii. A elasticidade cruzada da procura refere-se à variação da quantidade procurada de um bem A devido à variação do preço de um bem conexo, digamos B

%ΔQd of A / %ΔP of B

Tipos de Elasticidade

A elasticidade também pode ser entendida como o grau de reação da oferta ou da procura em relação às variações de preço. Se uma curva for mais elástica, então pequenas alterações no preço provocarão grandes alterações na quantidade consumida. Se uma curva for menos elástica, serão necessárias grandes variações no preço para efetuar uma alteração na quantidade consumida. Graficamente, a elasticidade pode ser representada pelo aspeto da curva da oferta ou da procura. Uma curva mais elástica será horizontal, e uma curva menos elástica inclinar-se-á mais verticalmente. Quando se fala de elasticidade, o termo "plana" refere-se a curvas que são horizontais; uma curva elástica "mais plana" está mais próxima de ser perfeitamente horizontal.

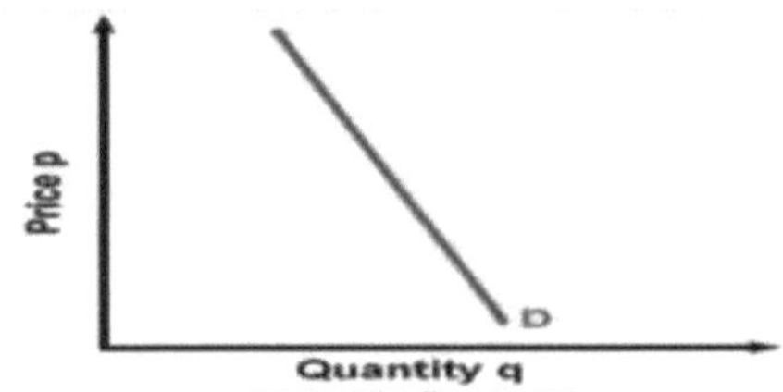

Inelastic Demand

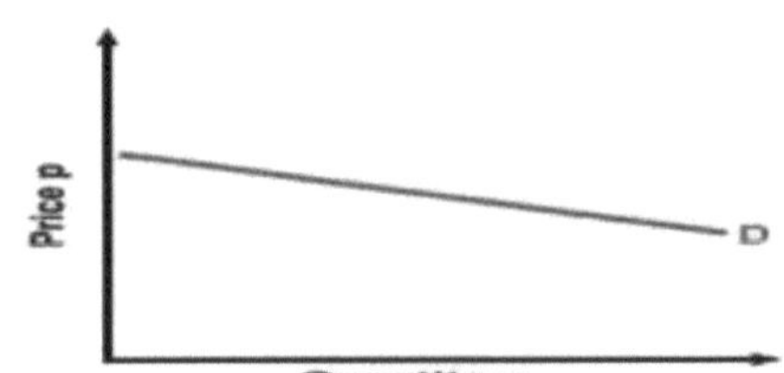

Elastic Demand

Nos extremos, uma curva perfeitamente elástica será horizontal e uma curva perfeitamente inelástica será vertical. Dica: Pode utilizar as curvas perfeitamente inelásticas e perfeitamente elásticas para o ajudar a lembrar-se do aspeto das curvas inelásticas e elásticas: uma curva inelástica é mais vertical, como a letra **I**. Uma curva elástica é mais plana, como as linhas horizontais na letra **E**.

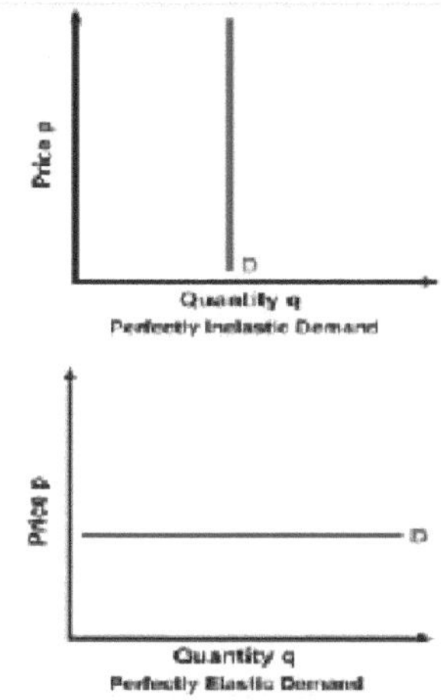

Figure 5: Perfectly Elastic and Perfectly Inelastic Curves

A elasticidade-preço da procura, também designada por elasticidade da procura, refere-se ao grau de reação da quantidade procurada em relação ao preço. Considere um caso na figura abaixo em que a procura é muito elástica, ou seja, quando a curva é quase plana. Pode ver-se que, se o preço mudar de 0,75€ para 1€, a quantidade diminui bastante. Há muitas razões possíveis para este fenómeno. Os compradores podem ser capazes de substituir facilmente o bem, de modo que, quando o preço aumenta, têm pouca tolerância para a mudança de preço. Talvez os compradores não queiram assim tanto o bem, pelo que uma pequena alteração no preço tem um grande efeito na sua procura do bem.

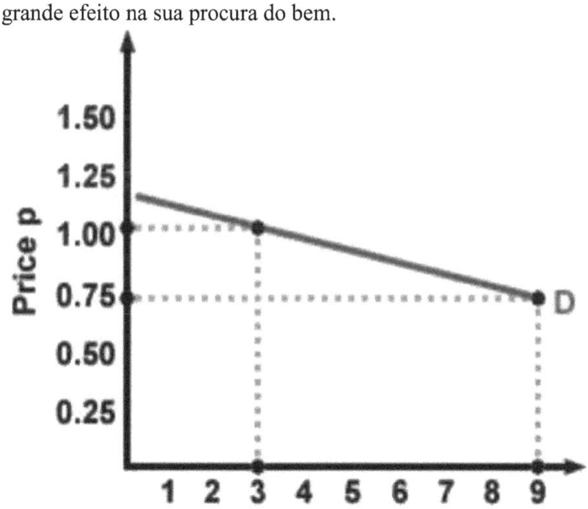

Quantidade q Procura elástica

Se a procura for muito inelástica, então grandes variações no preço não afectarão muito a quantidade procurada. Por exemplo, enquanto uma alteração de 25 cêntimos reduz a quantidade em 6 unidades na curva elástica da figura acima, na curva inelástica abaixo, um aumento de preço de um dólar inteiro reduz a procura em apenas 2 unidades. Nas curvas inelásticas, é necessário um salto muito grande no preço para alterar a quantidade de procura no gráfico abaixo. As possíveis explicações para esta situação podem ser o facto de o bem ser um bem essencial que não é facilmente substituído por outros bens. Ou seja, para um bem com uma curva inelástica, os clientes querem muito ou precisam muito do bem e não conseguem obter a oferta desse bem em mais lado nenhum. Isto significa que os consumidores terão de comprar a mesma quantidade do bem de semana para semana, independentemente do preço.

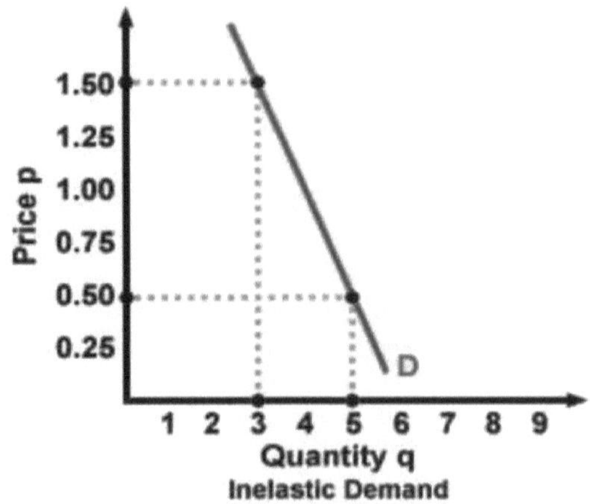

Tal como a procura, a oferta também tem diferentes graus de reação ao preço, que designamos por elasticidade-preço da oferta, ou elasticidade da oferta. Um fornecedor inelástico (com uma curva de oferta mais inclinada) fornecerá sempre a mesma quantidade de bens, independentemente do preço, e um fornecedor elástico (com uma curva de oferta mais plana) alterará a quantidade fornecida em resposta a alterações no preço.

1.15COMO SE MEDE A ELASTICIDADE?

Como já referimos, a elasticidade pode ser comparada, grosso modo, observando a inclinação ou a planura relativas de uma curva de oferta ou de procura. Assim, faz sentido que a fórmula para calcular a elasticidade seja semelhante à fórmula utilizada para calcular o declive. No entanto, em vez de relacionar os preços e as quantidades reais dos bens, a elasticidade mostra a relação entre *as variações* de preço e de quantidade. Para calcular o coeficiente de elasticidade, divida a variação percentual da quantidade pela variação percentual do preço:

Elasticidade = (% de variação na quantidade)/(% de variação no preço)

Lembre-se que para encontrar a percentagem de variação, divide-se a quantidade de variação numa variável pelo nível inicial da variável:

% de alteração = (montante da alteração)/(nível inicial)

Outra coisa importante a lembrar é que as mudanças percentuais podem ser positivas ou negativas, mas a elasticidade é sempre um valor absoluto. Ou seja, mesmo quando um aumento no preço é acompanhado por uma diminuição na quantidade (como na maioria das curvas de procura), a elasticidade será positiva; lembre-se de eliminar quaisquer sinais de menos ao encontrar o valor final da elasticidade.

Vamos aplicar isto e resolver a elasticidade no mercado das bolas de pingue-pongue. Quando as bolas de pingue-pongue custam $1 cada, Alice está disposta a comprar 10 bolas e Joe está disposto a vender 10 bolas. Quando elas custam $1,50 cada, Alice está disposta a comprar 6 bolas e Joe está disposto a vender 20. Primeiro, vamos resolver a elasticidade-preço da procura da Alice:

% de alteração na quantidade = (6-10)/10 = -0,4 = -40%

% de variação do preço = (1,50-1)/1 = 0,5 = 50%

(-40%)/(50%) = -0.8

Para determinar a elasticidade, é necessário obter o valor absoluto.

Elasticidade da procura = 0,8

Agora, utilizamos o mesmo processo para determinar a elasticidade-preço da oferta do Joe:

% de alteração na quantidade = (20-10)/10 = 1 = 100%

% de variação do preço = (1,50-1)/1 = 0,5 = 50%

Elasticidade da oferta = (100%)/(50%) = 2

1.16O CONCEITO DE PRODUÇÃO

Produção:

A produção refere-se à conversão de factores de produção numa produção/produto, dependendo do tipo de factores de produção que orientam o processo de produção. Uma função de produção pode ser descrita da seguinte forma:

Q = f (x1/x2, x3, x4 e x5)

Q = quantidade de milho produzida

X1 = fertilizante

X2 = terreno

X3 = outros capitais

X4 = mão de obra

X5 = gestão

1.17FACTORES DE PRODUÇÃO:

> **Terra**: A terra é definida como os vários recursos naturais não humanos encontrados em qualquer parte da Terra. Inclui as superfícies terrestres, os rios, os mares, os oceanos e a atmosfera. A oferta de terra é fixa, a terra fornece ao homem os recursos naturais que podem ser utilizados na produção.

> **Trabalho**: O trabalho é definido como o esforço humano de qualquer tipo, manual ou mental, qualificado ou não qualificado, científico ou artístico, utilizado no processo de produção, que é frequentemente acompanhado por uma certa recompensa. O trabalho é móvel, sem ele os outros factores permanecerão no seu estado natural e não haverá desenvolvimento.

> **Capital**: O capital é definido como um conjunto de activos físicos acumulados pela sociedade para facilitar a produção de bens e serviços, o capital é feito pelo homem e acumulado ao longo dos anos. O capital pode estar na forma de activos fixos, por exemplo, maquinaria, o capital facilita a produção.

> **Empreendedorismo**: Um empresário tem como objetivo organizar os recursos humanos e materiais para a produção de bens e serviços. Pode ser o proprietário de uma empresa ou um gestor ou administrador de uma empresa pública. Controla a circulação de bens e serviços. Organiza os recursos produtivos para a produção de bens e serviços.

1.18RELAÇÃO INPUT-OUTPUT

Isto mostra a relação entre os factores de produção utilizados na produção e a produção resultante no processo de produção, temos a seguinte relação:

i. **Rendimento marginal constante**: Isto acontece quando um agricultor emprega mais uma unidade de fator de produção na sua produção, mas a produção adicionada é a mesma que a quantidade anterior.

ii. **Rendimento marginal decrescente**: Esta situação mostra que, apesar de o agricultor empregar mais uma unidade de fator de produção, a quantidade adicional continua a diminuir.

iii. **Rendimento marginal crescente**: esta situação ocorre quando um agricultor está a empregar mais um
unidade de fator de produção, e a quantidade adicional continua a aumentar.

Numa forma tabular, podemos mostrar a relação input-output, mostrando a produção marginal no processo de produção, como se mostra abaixo:

Quantidade de fertilizante (kg)	Quantidade de milho (kg)	Alteração da quantidade de fertilizante	Variação da quantidade de milho
0	5	-	-
4	24	4	16
8	48	4	24
12	80	4	32
16	120	4	40
20	150	4	30
24	160	4	10
28	160	4	0
32	150	4	-10
36	140	4	-10
40	130	4	-10

1.19 FUNÇÕES DE PRODUÇÃO

Função dc produção, cm cconomia, equação que exprime a relação entre as quantidades de factores produtivos (como o trabalho e o capital) utilizados e a quantidade de produto obtido. Indica a quantidade de produto que pode ser obtida a partir de cada combinação de factores, partindo do princípio de que são utilizados os métodos de produção mais eficientes disponíveis.

A função de produção pode, assim, responder a uma série de questões. Pode, por exemplo, medir a produtividade marginal de um determinado fator de produção (ou seja, a variação na produção de uma unidade adicional desse fator). Pode também ser utilizada para determinar a combinação mais económica de factores produtivos que pode ser utilizada para produzir uma determinada produção.

Em economia, uma função de produção indica a relação tecnológica entre as quantidades de factores de produção físicos e as quantidades de produção de bens. A função de produção é um dos conceitos-chave das principais teorias neoclássicas, utilizado para definir o produto marginal e para distinguir a eficiência da afetação, um ponto-chave da economia. Um objetivo importante da função de produção é abordar a eficiência da afetação na utilização dos factores de produção na produção e a consequente distribuição do rendimento por esses factores, abstraindo simultaneamente dos problemas tecnológicos da obtenção de eficiência técnica, tal como um engenheiro ou um gestor profissional a entende.

1.20 A TEORIA DAS FUNÇÕES DE PRODUÇÃO

Em geral, a produção económica não é uma função (matemática) das entradas, porque qualquer conjunto de entradas pode ser utilizado para produzir uma série de saídas. Para satisfazer a definição matemática de uma função, assume-se habitualmente que uma função de produção especifica a produção máxima que se pode obter a partir de um determinado conjunto de factores de produção. A função de produção descreve, portanto, uma fronteira que representa o limite da produção que se pode obter a partir de cada combinação viável de factores de produção. Em alternativa, uma função de produção pode ser definida como a especificação dos requisitos mínimos de input necessários para produzir determinadas quantidades de output. O pressuposto de que a produção máxima é obtida a partir de determinados factores de produção permite aos economistas abstraírem-se dos problemas tecnológicos e de gestão associados à realização desse máximo técnico e concentrarem-se exclusivamente no problema da eficiência da afetação, associado à escolha económica da quantidade de um fator de produção a utilizar ou do grau em que um fator pode ser substituído por outro. Na função de produção propriamente dita, a relação entre a produção e os factores de produção é não monetária; isto é, uma função de produção relaciona factores de produção físicos com produtos físicos, e os preços e custos não se reflectem na função.

No quadro de decisão de uma empresa que faz escolhas económicas em relação à produção - quanto de cada fator de produção deve ser utilizado para produzir a quantidade de produto - e que se confronta com os preços de mercado do produto e dos factores de produção, a função de produção representa as possibilidades oferecidas por uma tecnologia exógena. Sob certas premissas, a função de produção pode ser usada para derivar um produto marginal para cada fator. A empresa que maximiza os lucros em concorrência perfeita (tomando os preços da produção e dos factores de produção como dados) optará por acrescentar factores de produção até ao ponto em que o custo marginal dos factores de produção adicionais corresponda ao produto marginal da produção adicional. Isto implica uma divisão ideal do rendimento gerado pela produção num rendimento devido a cada fator de produção, igual ao produto marginal de cada fator de produção.

Os factores de produção da função de produção são geralmente designados por factores de produção e podem representar factores primários, que são existências. Classicamente, os factores primários de produção eram a terra, o trabalho e o capital. Os factores primários não se tornam parte do produto final, nem os próprios factores primários são transformados no processo de produção. A função de produção, enquanto construção teórica, pode estar a abstrair dos factores secundários e dos produtos intermédios consumidos num processo de produção. A função de produção não é um modelo completo do processo de produção: abstrai deliberadamente de aspectos inerentes aos processos físicos de produção que alguns argumentariam serem essenciais, incluindo o erro, a entropia ou o desperdício e o consumo de energia ou a coprodução de poluição. Além disso, as funções de produção também não modelam normalmente os processos empresariais, ignorando o papel da gestão empresarial estratégica e operacional. (Para uma cartilha sobre os elementos fundamentais da teoria microeconómica da produção, ver os princípios básicos da teoria da produção).

A função de produção é fundamental para o enfoque marginalista da economia neoclássica, para a sua definição de eficiência como eficiência de afetação, para a sua análise da forma como os preços de mercado podem regular a obtenção de eficiência de afetação numa economia descentralizada e para uma análise da distribuição do rendimento, que atribui o rendimento dos factores ao produto marginal do fator de produção.

1.21FASES DE PRODUÇÃO

Para simplificar a interpretação de uma função de produção, é comum dividir o seu intervalo em 3 fases. Na fase 1 (da origem ao ponto B), o fator de produção variável está a ser utilizado com uma produção crescente por unidade, atingindo esta última um máximo no ponto B (uma vez que o produto físico médio está no seu máximo nesse ponto). Uma vez que a produção por unidade do fator de produção variável está a melhorar ao longo da fase 1, uma empresa que adopta preços irá sempre operar para além desta fase.

Na Fase 2, a produção aumenta a uma taxa decrescente e o produto físico médio e marginal diminuem. No entanto, o produto médio dos factores de produção fixos (não apresentado) ainda está a aumentar, porque a produção está a aumentar enquanto a utilização de factores de produção fixos é constante. Nesta fase, o emprego de factores de produção variáveis adicionais aumenta a produção por unidade de fator de produção fixo, mas diminui a produção por unidade de fator de produção variável. A combinação óptima de factores de produção/produto para a empresa que assume os preços situa-se na fase 2, embora uma empresa que enfrente uma curva da procura inclinada para baixo possa considerar mais rentável operar na fase 2. Na fase 3, estão a ser utilizados demasiados factores de produção variáveis em relação aos factores de produção fixos disponíveis: os factores de produção variáveis são sobreutilizados no sentido em que a sua presença na margem obstrui o processo de produção em vez de o melhorar. A produção por unidade de factores de produção fixos e variáveis diminui ao longo desta fase. Na fronteira entre a fase 2 e a fase 3, a produção mais elevada possível é obtida a partir do fator de produção fixo. As curvas da função de produção que mostram as três (3) fases de produção são apresentadas a seguir:

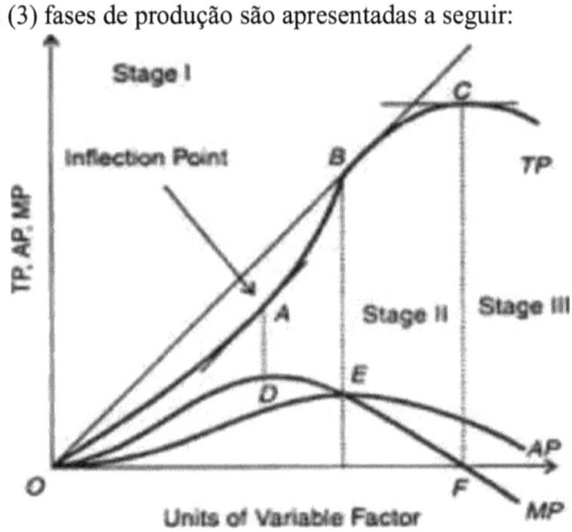

Note-se que,

PDA = Y/X

MPP = dY/dX

Ep = MPP/APP

Ep = Elasticidade da produção

1.22TIPOS DE FUNÇÕES DE PRODUÇÃO

As seguintes funções de produção podem ser utilizadas para analisar a relação input output, ou seja, a quantidade de inputs utilizada ou necessária para produzir uma determinada quantidade de output/produto:

i. **O modelo linear da função de produção.**

$$Y = a + b_1x_1 + b_2x_2 + b_3x_3 + b_4X_4 + b_5X_5 + b_6X_6 + b_7X_7 + u$$

ii. **O modelo de função de produção Cobb - Douglas**

$$Y = ax_1^{b_1} x_2^{b_2} x_3^{b_3} x_4^{b_4} x_5^{b_5} x_6^{b_6} x_7^{b_7} u$$

Transformação do modelo de função de produção Cobb - Douglass para a forma logarítmica.

iii. $\text{Log } Y = \log a + b_1 \log x_1 + b_2 \log x_2 + b_3 \log x_3 + b_4 \log x_4 + b_5 \log x_5 +$

$b_6 \log x_6 + b_7 \log x_7 + u$

Onde

Y = A quantidade total produzida como variável dependente.

a = Termo constante

u = Termo de erro

b1, b2, b3, b4, b5, b6 e b7 são os coeficientes.

x1, x2, x3, x4, x5, x6 e x7 são as variáveis independentes.

iii. **Função de produção quadrática**

A função de produção pode ser quadrática, assumindo a seguinte forma:

$$Y = a + bx - cx^2$$

Onde, a variável dependente Y mostra a produção total e a variável independente X representa a entrada. As letras minúsculas são parâmetros; os seus valores prováveis são determinados por uma análise estatística dos dados.

iv. **Função de produção cúbica**

A função de produção cúbica assume a seguinte forma:

$$Y = a + bx + cx^2 - dx^3$$

Algumas propriedades especiais importantes de uma função de produção cúbica são:

a. Permite tanto o aumento como a diminuição da produtividade marginal.
b. A elasticidade da produção varia em cada ponto da curva.
c. A produtividade marginal diminui a uma taxa crescente nas fases posteriores.

Medição da eficiência na utilização dos recursos

A função de produção estipula a relação técnica existente entre os factores de produção e a produção no processo de produção. A função de produção mostra principalmente os factores de produção físicos utilizados e a produção física obtida. Para determinar as eficiências alocativas/técnicas no processo de produção, é necessário introduzir os preços dos factores de produção e da produção. O valor marginal do produto (MVP) de cada fator de produção deve ser calculado utilizando o coeficiente de regressão de cada fator de produção e os valores médios geométricos dos rendimentos e dos factores de produção da exploração. O MVP_{xi} da função Cobb Douglas é o produto do coeficiente de elasticidade da produção do fator de produção e do produto físico médio multiplicado pelo preço da variável dependente $(b_i Y/x_i)PY$. O MVP da função linear é $b_i P_y$. Em que Y é a variável dependente, P_Y é o preço da variável dependente, b_i é o coeficiente de elasticidade e xi é a variável independente. O custo marginal dos factores de produção (CMF) do fator de produção tem de ser considerado como o preço de mercado, uma vez que os factores de produção foram adquiridos num mercado competitivo. Quando o fator de produção é comprado num mercado perfeitamente competitivo, o preço de cada unidade de fator de produção permanece o mesmo. Neste caso, MFC = PXi, em que PXi é o preço pago pela unidade de um fator de produção Xi. O rácio entre o MVP e o MFC de cada fator de produção deve ser calculado para medir a eficiência da utilização dos recursos. O recurso deve ser determinado se foi utilizado de forma eficiente ou não da seguinte forma: Se o MVP for superior ao MFC, ou seja, se o rácio MVP/MFC for superior a um (1), o recurso é subutilizado. Se o MFC for superior ao MVP, ou seja, se o rácio MVP/MFC for inferior a um (1), o recurso é sobreutilizado. Se o MVP for igual ao MFC, ou seja, se o rácio MVP/MFC for igual a um (1), o recurso é utilizado de forma eficiente.

1.23 ANÁLISE DE CUSTOS E FUNÇÕES

O que é a análise de custos?

A análise de custos, também conhecida como análise custo-benefício, é o processo de calcular os ganhos potenciais de uma situação ou projeto e subtrair o custo total associado à sua realização. Prevê o lucro obtido com um projeto e compara o custo do projeto com os seus benefícios financeiros estimados. Muitos profissionais de finanças utilizam a análise de custos para mostrar aos clientes os lucros potenciais de um projeto.

1.24 PORQUE É QUE A ANÁLISE DE CUSTOS É IMPORTANTE?

Eis algumas razões pelas quais a análise de custos é importante para as empresas:

Ajuda na tomada de decisões

A análise de custos permite que os profissionais tomem decisões sobre projectos futuros, permitindo-lhes pesar os seus custos em relação aos seus lucros. Se o custo do projeto for superior aos ganhos previstos, os profissionais podem fazer as alterações necessárias ao projeto para aumentar os ganhos ou reduzir as despesas. Isto ajuda a manter a rentabilidade sem sacrificar projectos essenciais da empresa.

A análise de custos garante que as empresas envolvem as partes interessadas no processo de tomada de decisões. As partes interessadas são uma parte necessária das operações comerciais porque contribuem para uma empresa e interessam-se pelos projectos. Por este motivo, as empresas precisam de os manter informados sobre os dados de desempenho relevantes. A partilha de informação sobre a análise de custos pode dar às partes interessadas a informação de que necessitam para tomar decisões sobre o orçamento e a estratégia financeira.

A análise de custos pode ajudar a identificar problemas financeiros e a encontrar soluções. Se uma empresa estiver a ter dificuldades na gestão de projectos, pode utilizar a análise de custos para manter a organização e obter uma compreensão mais profunda das suas finanças e projectos futuros. As revisões regulares da análise de custos podem ajudá-lo a identificar os factores que afectam a rentabilidade de um projeto e a abordá-los diretamente.

Determinar a razão pela qual necessita de uma análise de custos

A forma como se utiliza uma análise de custos pode variar consoante a razão para o fazer. Antes de começar, determine a razão pela qual necessita de uma análise de custos para compreender melhor as variáveis que pode utilizar. Por exemplo, pode obter informações orçamentais de iniciativas anteriores se estiver a efetuar uma análise de custos para criar um orçamento de projeto.

1. **Avaliar os custos:** O passo seguinte é avaliar os custos associados a um projeto. Pode ser útil escrevê-los todos numa lista para que estejam disponíveis para etapas futuras. Não se esqueça de considerar quaisquer custos inesperados associados ao projeto e a forma como os custos podem mudar ao longo do tempo. Eis os factores a considerar na avaliação dos custos:

Custo direto: É o custo associado a cada variável do produto, como o tipo de produto, o cliente, o serviço ou a atividade.

Custos indirectos: Estas despesas não estão diretamente associadas ao projeto, mas a empresa tem de as incluir no orçamento. Podem incluir a renda, os serviços públicos e as despesas administrativas.
Custo real: É o custo associado à produção efectiva de um projeto, como os custos de mão de obra e de material.
Custo tangível: Trata-se do custo relacionado com o apoio a um projeto, como a aquisição de ferramentas e o pagamento de funcionários.
Custos intangíveis: Os factores que têm impacto no resultado de um projeto, como as alterações nos níveis de produção ou a diminuição da satisfação do cliente, são custos intangíveis.

2. **Comparar com projectos anteriores:** No passo seguinte, compare o seu projeto de análise de custos atual com projectos anteriores. Pode utilizar esta informação para identificar custos e cálculos semelhantes que podem ser incluídos na sua análise. A comparação dos seus dados com outros projectos de análise de custos pode garantir que dispõe de informações suficientes para desenvolver uma compreensão realista dos seus custos e rendimentos.
3. **Definir todas as partes interessadas:** Identificar as partes interessadas do projeto é importante para calcular uma análise de custos precisa. As partes interessadas são indivíduos ou grupos que têm interesse no projeto. Podem investir dinheiro no projeto ou participar no seu planeamento. O resultado lucrativo do projeto tem impacto nas partes interessadas, pelo que é essencial que os analistas incluam informações sobre as partes interessadas na análise de custos.
4. **Enumerar os benefícios potenciais:** Em seguida, é altura de enumerar os potenciais benefícios de um projeto, especialmente os lucros esperados. Alguns projectos podem ter benefícios para além dos simples lucros monetários e é importante atribuir-lhes um valor definido. Consulte as partes interessadas e os analistas financeiros para obter uma avaliação exacta dos benefícios esperados.

1,25 CONCEITOS DE CUSTOS

i. **Custo variável total**: Este é o custo incorrido na compra de todos os factores de produção variáveis (por exemplo, sementes, fertilizantes) na produção.

TVC = PxX

ii. **Custo fixo:** Refere-se a todo o dinheiro incorrido na compra de todos os factores de produção fixos (por exemplo, terrenos, máquinas, etc.) na produção.

iii. **Custo total:** É a soma de todos os custos variáveis e fixos utilizados na produção.

TC = TFC + TVC = TFC + PxX

iv. **Custo variável médio:** É o custo variável total dividido pela produção, ou seja AVC = TVC/Y.

v. **Custo fixo médio:** É o custo fixo total dividido pela produção, ou seja, AFC=TFC/Y.

vi. **Custo total médio:** É o custo total (TVC + TCF) dividido pela produção, ou seja, ATC = AFC + AVC/Y.

vii. **Custo marginal:** É a variação do custo total resultante da utilização de uma unidade adicional de produção, ou seja

MC = dTC/d Y.

viii. **Rendimento bruto:** É o rendimento total obtido na produção, obtido através da multiplicação do preço unitário pela produção total.

GI = PxY

1.26 CURVAS DE CUSTO

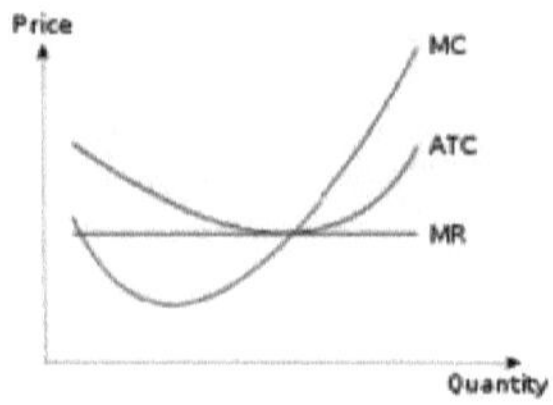
Price
MC
ATC
MR
Quantity

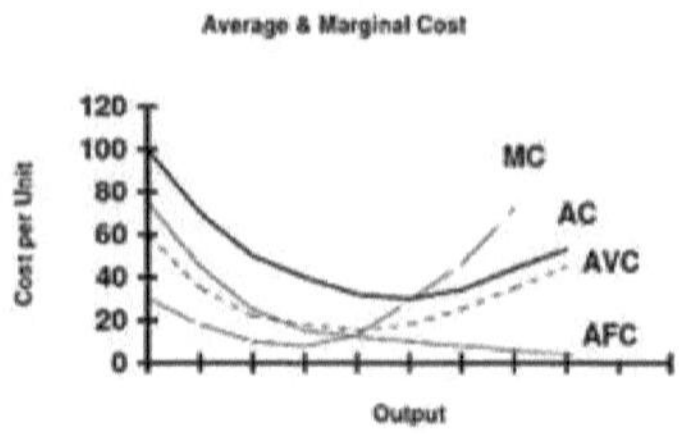
Average & Marginal Cost
120
100
80
60
40
20
0
Cost per Unit
MC
AC
AVC
AFC
Output

CAPÍTULO 2

2.1 DESENVOLVIMENTO AGRÍCOLA, POLÍTICA E FINANCIAMENTO

2.2 DESENVOLVIMENTO AGRÍCOLA

O desenvolvimento agrícola é uma atividade multi-setorial que apoia e promove mudanças positivas nas zonas rurais e urbanas. No entanto, os principais objectivos do desenvolvimento agrícola são a melhoria do bem-estar material e social da população.

2.3 DIFERENÇAS ENTRE CRESCIMENTO E DESENVOLVIMENTO

i. O crescimento é um processo de se tornar maior ou mais longo ou mais numeroso ou mais importante, principalmente uma mudança física; o desenvolvimento é um processo em que algo se transforma (principalmente positivo) numa fase diferente ou melhora, podendo ser físico, social ou psicológico.

ii. O crescimento é entendido como um aumento do tamanho de um objeto ou de um ser vivo. Por desenvolvimento entende-se uma melhoria do nível de funcionamento.

iii. O crescimento descreve o processo de crescimento. Indica um aumento de valor. Crescimento pode significar um aumento numa colheita ou rendimento de algum fruto.

iv. Desenvolvimento pode significar uma espécie de melhoria do estado de saúde. Desenvolvimento pode significar um processo de transformação gradual.

2.4 IMPORTÂNCIA DO DESENVOLVIMENTO AGRÍCOLA:

O desenvolvimento agrícola pode promover o desenvolvimento económico dos países subdesenvolvidos de quatro formas diferentes:

i. Aumentando a oferta de alimentos disponíveis para o consumo doméstico e libertando a mão de obra necessária para o emprego industrial.

ii. Aumentando a dimensão do mercado interno para o sector transformador.

iii. Aumentando a oferta de poupança interna.

iv. Através do fornecimento de divisas obtidas com as exportações agrícolas.

2.5 OS CONHECIMENTOS DA TEORIA DO DESENVOLVIMENTO AGRÍCOLA:

Por conseguinte, uma teoria do desenvolvimento agrícola deve fornecer informações sobre a dinâmica do crescimento agrícola, ou sobre as fontes variáveis de crescimento, em economias que vão desde aquelas em que a produção está a crescer a uma taxa de 1,0% ou menos até àquelas em que a produção agrícola está a crescer a uma taxa anual de 4,0% ou mais.

2.6 MODELOS DE DESENVOLVIMENTO AGRÍCOLA:

1. O modelo de conservação

O modelo conservacionista de desenvolvimento agrícola evoluiu a partir dos progressos registados na agricultura e na pecuária associados à revolução agrícola inglesa e dos conceitos de esgotamento do solo sugeridos pelos primeiros cientistas alemães do solo. Foi reforçado pelo conceito da escola clássica inglesa de economia de rendimentos decrescentes do trabalho e do capital aplicado à terra e ao trabalho. O modelo conservacionista sublinhava a evolução de uma sequência de sistemas de cultivo cada vez mais complexos e intensivos em terra e trabalho, a produção e utilização de adubos orgânicos e a formação de capital intensivo em trabalho sob a forma de instalações físicas para utilizar mais eficazmente a terra e os recursos hídricos.

2. O modelo de impacto urbano-industrial

O modelo de conservação contrasta fortemente com os modelos em que as diferenças geográficas no nível e no ritmo do desenvolvimento económico estão principalmente associadas ao desenvolvimento urbano-industrial. Inicialmente, o modelo de impacto urbano-industrial foi formulado (por von Thunen) para explicar as variações geográficas na intensidade dos sistemas agrícolas e na produtividade do trabalho numa sociedade em vias de industrialização. Mais tarde, foi alargado por T. W. Schultz para explicar o desempenho mais eficaz dos mercados de factores e de produtos que ligam os sectores agrícola e não agrícola em regiões caracterizadas por um rápido desenvolvimento urbano-industrial.

3. O modelo de difusão

A difusão de melhores práticas agrícolas foi uma das principais fontes de crescimento da produtividade, mesmo nas sociedades pré-modernas. A abordagem da difusão do desenvolvimento agrícola baseia-se na observação empírica de diferenças substanciais na produtividade da terra e do trabalho entre agricultores e regiões. Segundo este ponto de vista, a via para o desenvolvimento agrícola passa por uma difusão mais eficaz dos conhecimentos técnicos e por uma redução da dispersão da produtividade entre os agricultores e entre as regiões. O modelo de difusão do desenvolvimento agrícola tem constituído a principal base intelectual de grande parte dos esforços de investigação e extensão no domínio da gestão agrícola e da economia da produção desde o aparecimento, na última metade do século XIX, da economia agrícola como uma subdisciplina distinta que liga as ciências agrícolas e a economia.

4. O modelo de input de elevado retorno

A inadequação das políticas baseadas nos modelos de conservação, de impacto urbano-industrial e de difusão conduziu, na década de 1960, a uma nova perspetiva segundo a qual a chave para transformar um sector agrícola tradicional numa fonte produtiva de crescimento económico é o investimento destinado a disponibilizar aos agricultores dos países pobres factores de produção modernos e de elevado rendimento. Os camponeses, nos sistemas agrícolas tradicionais, eram vistos como afectadores de recursos racionais e eficientes. Continuaram a ser pobres porque, na maioria dos países pobres, as oportunidades técnicas e económicas a que podiam responder eram limitadas.

Os novos factores de produção de elevado rendimento, tal como identificados por Schultz, podem ser classificados em três categorias:

(a) A capacidade das instituições de investigação dos sectores público e privado para produzir novos conhecimentos técnicos; (b) A capacidade do sector industrial para desenvolver, produzir e comercializar novos factores de produção técnicos

(c) A capacidade dos agricultores para adquirirem novos conhecimentos e utilizarem eficazmente novos factores de produção.

O entusiasmo com que o modelo de alta remuneração dos factores de produção foi aceite e traduzido numa doutrina económica deve-se, em grande parte, ao sucesso dos esforços para desenvolver novas variedades de cereais de alta produtividade adequadas às regiões tropicais.

5. O modelo de fronteira

A expansão histórica da área cultivada ou de pastagem nos países ocidentais tem representado a principal forma de aumentar a produção agrícola. [thth]No entanto, o exemplo mais dramático da história ocidental foi a abertura ou a criação dos novos continentes - América do Norte e do Sul e Austrália - à colonização europeia durante os séculos XVIII e XIX. Estes países dos novos continentes tornaram-se fontes cada vez mais importantes de alimentos e matérias-primas agrícolas para os países metropolitanos da Europa Ocidental. Em épocas anteriores, processos semelhantes tinham ocorrido, embora a um ritmo menos dramático, nas economias dos camponeses e das aldeias da Europa, da Ásia e de África.

A intensificação do uso do solo nas aldeias existentes foi seguida pelo povoamento pioneiro, o estabelecimento de novas aldeias e a abertura da floresta ou da selva foram uma série de mudanças sucessivas desde o pousio da floresta neolítica até ao sistema de cultivo móvel em terras de arbustos e ervas, primeiro com sistemas de pousio curto e, nos últimos anos, com culturas anuais. Relativamente ao que precede, onde as condições do solo eram favoráveis, como nas grandes bacias e planícies fluviais, as novas aldeias intensificaram gradualmente os seus sistemas de cultivo. Enquanto que nos locais onde os solos eram pobres, como em muitas das zonas montanhosas, foram abertas novas áreas para culturas itinerantes ou para o pastoreio nómada. Devido ao rápido crescimento demográfico, este modelo não durou muito tempo; os limites do modelo de fronteira foram rapidamente atingidos. O rendimento das culturas era normalmente medido em termos de produção por unidade de semente e não por unidade de superfície cultivada. A produção por hectare e por homem/hora tendeu a diminuir - exceto nas zonas do Delta, como no Egito e no Sul da Ásia, e na zona húmida de arroz da Ásia Oriental.

2.7 ESTRATÉGIAS DE DESENVOLVIMENTO RURAL

2.8 **Segurança alimentar** - Podem ser projectos relacionados com a agricultura que ajudem as pessoas a produzir alimentos, armazenar alimentos, utilizar os alimentos de forma mais económica ou cultivar/produzir produtos comercializáveis. Estes projectos geram rendimentos que podem ser aplicados na compra de alimentos. A segurança alimentar pode também consistir na formação de competências profissionais ou na criação de pequenas empresas para ajudar a aumentar o rendimento global individual e familiar.

2.9 **Cuidados de saúde** - Utilizamos principalmente os cuidados de saúde sob a forma de educação para os cuidados de saúde, trabalho de extensão no domínio da saúde e desenvolvimento das capacidades locais de cuidados de saúde. É utilizado um quadro de desenvolvimento comunitário para reunir e envolver as comunidades e os indivíduos em tópicos e questões de cuidados de saúde específicos da sua situação. Exemplos disso são as aulas de saúde materno-infantil, a educação nutricional, os primeiros socorros a nível comunitário ou os programas de reconhecimento do bem-estar/doença.

2.10**Água e saneamento** - Um projeto comum orientado para o desenvolvimento consiste em ajudar as pessoas a obter água potável. Isto pode ser feito através do desenvolvimento de fontes locais, tais como sistemas de nascentes alimentadas por gravidade, perfuração de poços, recolha de águas pluviais, etc. Também é comummente realizado através de sistemas de filtragem/purificação baseados na comunidade. No entanto, os projectos de desenvolvimento hídrico podem manifestar-se noutros tipos de projectos, tais como água para uso agrícola (irrigação/produção de alimentos) ou necessidades de saneamento/higiene (estações de lavagem de mãos, casas de banho sanitárias seladas com água, etc.).

2.11**Microempresa/Microfinanças** - Esta é uma estratégia crescente para muitas organizações de desenvolvimento, vista por alguns como a "bala de prata" para todos os problemas de desenvolvimento de uma comunidade. Não é o caso. No entanto, os projectos que utilizam bons princípios de desenvolvimento comunitário e trabalham principalmente a partir dos recursos gerados na comunidade local têm um grande potencial para ajudar os grupos a ultrapassar a pobreza.

2.12**Educação e alfabetização** - Para as crianças e jovens, a educação pode incluir projectos de apadrinhamento de crianças, aquisição de materiais necessários para frequentar a escola (livros, material escolar, uniformes, etc.), ou mesmo coisas simples como almoços escolares saudáveis. Para os adultos, isto é frequentemente visto em programas de alfabetização e formação de adultos. Uma nota interessante é o facto de parecer existir globalmente uma correlação positiva entre a alfabetização de mulheres adultas e o desenvolvimento geral e a saúde de uma comunidade.

2.8 ESTRATÉGIAS DE DESENVOLVIMENTO AGRÍCOLA.

Estratégia 1: Promover e facilitar a inovação e a adoção das melhores práticas agrícolas

> Conceção e execução de projectos de produção agrícola

> Investigação e aprendizagem agrícola participativa

> Publicações e seminários

> Propagação de inovações agrícolas na formação e facilitação

> A utilização de abordagens que permitam inovações

Estratégia 2: Reforçar a ligação entre agricultores, agro-comerciantes, fornecedores de factores de produção e instituições agrícolas

> Facilitar a comunicação e a colaboração entre agricultores, agro-comerciantes, fornecedores de factores de produção e instituições agrícolas

> Reforçar as competências comerciais e técnicas dos pequenos agricultores para aumentar a qualidade e a quantidade dos seus produtos agrícolas

> Reforçar as competências comerciais e técnicas dos agro-comerciantes para melhor servir as necessidades dos pequenos agricultores

> Aumentar o acesso dos pequenos agricultores a mercados de maior dimensão para distribuir os seus produtos, trabalhando com agro-comerciantes para desenvolver e ministrar formação básica sobre comercialização de produtos

> Promover a defesa da política agrícola através da criação de um mecanismo para manter um diálogo político entre os sectores público e privado

> Aumentar a sensibilização dos agricultores e dos agro-comerciantes para as oportunidades de mercado, ajudando-os a ligar-se aos canais de mercado existentes

> Melhorar o acesso das zonas rurais ao financiamento para impulsionar os agricultores e as empresas agro-comerciantes em zonas onde não existia nenhum

Estratégia 3: Apoiar a comercialização da agricultura rural para o desenvolvimento sustentável

> Facilitar a produção de excedentes tendo em vista as perspectivas de mercado

> Apoio à extensão agrícola num sistema agrícola comercializado

> Facilitar e incentivar o aumento da superfície das terras destinadas à agricultura

> Promover a diversificação, a comercialização e os riscos das pequenas explorações agrícolas

> Facilita a adoção e a utilização das melhores tecnologias na agricultura

> Facilitar a diversificação dos custos de produção

> Facilitar o acesso ao crédito institucional

> Compreensão da natureza dos mercados de factores de produção e do acesso

> Facilitar a parceria público-privada e comunitária no sector da agricultura (PPCP)

> Promoção das cadeias de valor agrícolas transfronteiriças e regionais

Estratégia 4: Facilitar o financiamento e a comercialização no sector agrícola

> Facilitar a diversificação dos custos de produção

> Facilitar o acesso ao crédito institucional

> Compreensão da natureza dos mercados de factores de produção e do acesso

> Facilitar a parceria público-privada e comunitária no sector da agricultura (PPCP)

> Promoção das cadeias de valor agrícolas transfronteiriças e regionais

2.9 POLÍTICAS DE DESENVOLVIMENTO RURAL/AGRÍCOLA NA NIGÉRIA.

O primeiro plano de desenvolvimento nacional foi elaborado na primeira república e centrava-se no desenvolvimento das zonas urbanas. Após a guerra civil, o plano de desenvolvimento de 1970-1974 centrou-se mais na política de reconciliação, reconstrução e reabilitação. Havia escassez de alimentos e de produtos agrícolas. Esta escassez de alimentos levou ao lançamento de projectos de desenvolvimento agrícola (ADP) como segundo plano de desenvolvimento nacional (Okpaga, 2002). Os projectos de desenvolvimento agrícola centraram-se nos pequenos agricultores como ponto focal da produção incremental de alimentos. O programa visava aumentar a produção alimentar através do fornecimento de factores de produção, do desenvolvimento de infra-estruturas, por exemplo, barragens, estradas, multiplicação de sementes e serviços de extensão.

O terceiro plano de desenvolvimento nacional, de 1975-80, tentou corrigir os desequilíbrios do segundo plano de desenvolvimento. Assim, surgiram programas como o Programa Nacional de Produção Alimentar Acelerada (NAFPP) do General Gowon, as Autoridades de Desenvolvimento das Bacias Hidrográficas e o projeto de desenvolvimento agrícola integrado. Com estes programas, houve um aumento dos projectos de irrigação, um fornecimento abundante de fertilizantes e subsídios aos factores de produção e créditos agrícolas. Neste período, foi promulgado um decreto sobre a utilização das terras, que transferiu a propriedade das terras para o Estado e para as pessoas que as detinham em nome do Governo. Foi durante o terceiro plano de desenvolvimento nacional que o programa Operação Alimentar a Nação (OFN) foi iniciado durante o regime militar do General Olusegun Obasanjo.

De todas as políticas de desenvolvimento rural, a agricultura era a questão central, pelo que vários programas de desenvolvimento rural tinham por base a agricultura.

Operação Alimentar a Nação (OFN)

A operação "Alimentar a Nação" foi o primeiro grande programa concebido especificamente para resolver problemas agrícolas. Foi iniciado em 1976 pelo regime militar do General Olusegun Obasanjo. Os objectivos da OFN incluem:

i. Mobilizar todos os nigerianos capazes para a produção de alimentos básicos.

ii. Utilizar recursos abundantes.

iii. Assegurar a autossuficiência e a autossuficiência na produção de produtos alimentares de base e de matérias-primas, a fim de refletir a verdadeira soberania da nação.

iv. Travar a migração dos nossos jovens na sua tentativa de procurar emprego nas cidades.

v. Garantir a todos os agricultores e produtores uma parte razoável da riqueza do país em troca de
para o seu trabalho e investimento de capital (Ekanem, 1979). Tratava-se de uma política

nacional criada para envolver a participação das massas. Para garantir o êxito do programa, foram criados comités de diferentes quadrantes, chefiados pelo chefe de gabinete da sede suprema. Foi criado um mecanismo de controlo para garantir o êxito da aplicação da política. Os Estados e as autarquias locais também criaram os seus vários comités, em conformidade com a legislação federal, para atingir os objectivos da política nacional.

Houve uma mobilização em massa através dos meios de comunicação social, incentivando as pessoas a cultivar. Para além da mobilização da população, do fornecimento e da distribuição de fertilizantes, o governo federal também iniciou uma série de projectos, como o desenvolvimento da pecuária e das pescas, que visavam a produção de mais alimentos.

O programa também introduziu a agricultura mecanizada, uma vez que foram distribuídos equipamentos agrícolas modernos a diferentes comités estatais para ajudar os agricultores a cultivar mais hectares de terra.

O programa da Revolução Verde

O programa substituiu a Operação Alimentar a Nação (OFN). Foi planeado para eliminar as deficiências da OFN e satisfazer as necessidades dos pequenos agricultores. Tratava-se de um programa agrícola integrado destinado a satisfazer a grande população de pequenos agricultores que residem maioritariamente nas zonas rurais (Ogbuogu, 1995).

A Revolução Verde tinha outros programas no seu âmbito. Programas como o Programa da Área de Desenvolvimento Agrícola (ADA), o Programa Nacional de Produção de Alimentos (NAFPP), o Programa de Desenvolvimento Pecuário (LDP), a Autoridade de Desenvolvimento da Bacia Hidrográfica (RBDA), o Programa de Desenvolvimento Florestal (PCD), todos concebidos como a unidade básica de desenvolvimento para cada área do governo local. Os objectivos do programa incluíam:

i. Tornar a Nigéria autossuficiente em termos de necessidades alimentares básicas.

ii. Educar as massas populares sobre a necessidade de autossuficiência e autossuficiência na produção de alimentos.

iii. Produção de matérias-primas para indústrias de base agrícola.

iv. Diversificação da fonte de divisas do país através do aumento das exportações agrícolas.

v. Estimular um sentimento de orgulho nas actividades agrícolas, etc. (Ekot, 1987).

O programa procurou melhorar a construção, a manutenção e a reabilitação de infra-estruturas, tais como pontes e bueiros, estradas, habitação, eletricidade e abastecimento de água. Também incentivou o sector privado a participar ativamente no esforço global de revolução agrícola e a aumentar o investimento no sector. (Ekot, 1998).

Em 1981, o General Buhari introduziu o programa de regresso à terra, obrigando toda a gente a regressar à agricultura. Os diferentes governos estaduais adoptaram-no e, nessa altura, foi um êxito.

A Direção de Alimentação, Estradas e Infra-estruturas Rurais (DFRRI)

A DFRRI foi criada em 1986 pelo regime do Presidente Ibrahim Babangida. Foi criada para promover eficazmente a mobilização social de base e o programa de desenvolvimento rural em colaboração com os governos estaduais.

Objectivos do DFRRI

i Melhorar a qualidade e o nível de vida da maioria da população das zonas rurais.

ii. Para que os enormes recursos das zonas rurais possam constituir uma base sólida para a segurança, o crescimento sociocultural, político e económico e o desenvolvimento da nação, ligando o crescimento e o desenvolvimento das zonas rurais aos das áreas da administração local, do Estado e da nação.

iii. Assegurar um desenvolvimento profundamente enraizado e autossustentável provou ser baseado na participação efectiva das massas mobilizadas, começando pelas bases e abrangendo toda a nação (Ekot, 1987).

A direção era administrada pelos três níveis de governo. A nível federal, era administrada pelo presidente, que era nomeado pelo Presidente. A Direção mantém ligações com outros ministérios, como a saúde, os transportes, a agricultura, a ciência e a tecnologia. A nível estatal, a Direção era administrada por um funcionário público de alto nível nomeado pelo Governador do Estado e estava localizada no gabinete do Governador. A nível local, a Direção do Estado tinha também um comité de desenvolvimento das aldeias para realizar os objectivos do DFRRI. Todas as actividades do nível local-federal eram controladas pela Presidência através de funcionários nomeados.

Nessa altura, o projeto consumia 1,9 mil milhões de euros (Maduagwu).

Programa Vida Melhor

A esposa do General Babangida iniciou um programa que visava melhorar a vida das pessoas nas zonas rurais. O programa "Better life for rural women" foi concebido para utilizar outros meios, para além da agricultura, para melhorar a situação das mulheres rurais. Entre esses meios contavam-se a costura, os cabeleireiros, o artesanato e as artes, etc.

Programa de apoio à família

Este foi o projeto de estimação da Sra. Abacha durante o regime de Abacha como chefe de Estado da República Federal da Nigéria. O objetivo do programa era melhorar/apoiar a família através do envolvimento desta em empreendimentos produtivos, como a agricultura, a formação profissional, a aquisição de competências, etc. Paralelamente ao programa de apoio à família, existia o programa de promoção económica da família, quase com os mesmos objectivos que o programa de apoio à família. O programa de apoio à família absorveu cerca de N10 mil milhões (Maduagu).

2.10FINANCIAMENTO E CRÉDITO AGRÍCOLA:

As finanças agrícolas são o estudo económico da aquisição e utilização de capital na agricultura, enquanto o crédito agrícola se refere especificamente ao processo de obtenção de controlo sobre a utilização de dinheiro, bens e serviços para reembolso numa data futura, com subtração pelo credor. O financiamento agrícola não implica necessariamente a obtenção de crédito. Com o crédito agrícola, o mutuante renuncia à utilização do seu dinheiro ou do seu equivalente.

2.11FONTES DE FINANCIAMENTO AGRÍCOLA:

1. Família e parentes ii. Asusu da aldeia iii. Autofinanciamento iv. Bancos comerciais v. Vendas de bens vi. Emprestadores de dinheiro vii. Sociedades cooperativas

2.12TIPOS DE CRÉDITO:

i. **Crédito a curto prazo**: Os empréstimos a curto prazo são geralmente utilizados para comprar factores de produção e são necessários para operar durante o ciclo de produção atual. Por exemplo, para a compra de factores de produção como fertilizantes, sementes, animais e rações. O reembolso é efectuado quando as culturas são colhidas e sólidas, ou quando o gado do agricultor é sólido. O crédito a curto prazo, também designado por crédito à produção ou crédito à exploração, está incluído nas capacidades correntes do balanço.

ii. **Crédito de prazo intermédio**: Quando a duração do empréstimo é superior a um ano mas inferior a 10 anos. Normalmente, é efectuado um ou mais pagamentos por ano. Os empréstimos intermédios são muitas vezes utilizados para a compra de maquinaria, de animais de criação e de gado diário e de alguns edifícios. Estes activos serão utilizados para a produção durante vários anos e não se pode esperar que se paguem a si próprios num ano ou menos.

iii. **Empréstimo a longo prazo**: Um empréstimo com um prazo de 10 anos ou mais é classificado como empréstimo a longo prazo. Os activos com vida longa ou indefinida, tais como terrenos e edifícios, são frequentemente adquiridos com fundos provenientes de empréstimos a longo prazo. O empréstimo para a compra de um terreno pode ser efectuado por um período de 20 a 40 anos. Os pagamentos anuais ou semestrais são exigidos durante todo o período do empréstimo.

2.13A POLÍTICA DE EMPRÉSTIMOS DO CRÉDITO:

i. **Garantia**: Também designado por garantia. É o que o mutuário mostra/dá como promessa de reembolsar o empréstimo que contraiu e que pode ser utilizado em caso de não reembolso.

ii. **Competência**: Refere-se à capacidade do mutuário para reembolsar o dinheiro emprestado, possivelmente depois de o mutuário ter utilizado o capital, pelo que a informação sobre o mutuário deve ser obtida de forma adequada, ou seja, devem ser obtidas todas as equipas relacionadas com o mutuário.

iii. **Carácter:** Indica a integridade do agricultor e a reputação geral da empresa. É sempre bom saber a quem se dá o dinheiro. É uma pessoa que consegue cumprir as suas promessas, tem boa reputação?

2.14IMPORTÂNCIA DO CRÉDITO PARA OS AGRICULTORES:

1. O crédito ajuda a reduzir o ciclo vicioso de baixo nível de produção, rendimento, poupança e investimento, que resulta novamente num baixo nível de produção.
2. Os pequenos agricultores são pobres porque cultivam pequenas áreas que reduzem a produção e, eventualmente, vendem apenas uma quantidade muito pequena, o que, por sua vez, não pode ajudar a expandir a exploração ou a adquirir mais do que os factores de produção, pelo que o ciclo continua.
3. O crédito ajuda a adquirir técnicas melhoradas, o que é vital para o aumento da produção e para a expansão global da exploração agrícola.
4. Com a ajuda do crédito, o agricultor pode adquirir sementes melhoradas, fertilizantes, etc., na altura certa.
5. O crédito também ajuda a planear as despesas da família, ou seja, o que se coloca na produção, na poupança, no investimento e o que se destina ao consumo familiar.
6. O crédito ajuda a manter o envolvimento dos agricultores na produção agrícola. Por vezes, os agricultores podem sofrer um choque na agricultura, mas com o crédito, os agricultores podem continuar a trabalhar na exploração e a produzir.
7. Com a ajuda do crédito, os agricultores podem aumentar a sua escala de produção e contribuir imensamente para o crescimento económico e o desenvolvimento.

Por implicação, pressupõe-se que o empréstimo cobrado deve ser pago dentro de um determinado prazo, e que deve pagar tanto o capital como os juros, pelo que o empréstimo deve ser utilizado proporcionalmente para atingir o objetivo. Se, no final, o empréstimo não conseguir atingir o objetivo, então é melhor não recorrer ao empréstimo.

2.15SUBVENÇÕES E IMPOSTOS

Subsídio: O subsídio refere-se à redução do custo de artigos ou serviços para os agricultores, a fim de os ajudar a serem mais dinâmicos nas suas actividades agrícolas.

Importância da subvenção:

1) Não tem taxa de juro e não é reembolsado

2) Ajuda o agricultor a manter o lucro da sua exploração
3) Contribui para o aumento da produção agrícola
4) Ajuda o agricultor a comprar mais factores de produção.
5) Ajuda o agricultor a iniciar a exploração agrícola no momento certo.

Imposto: O imposto refere-se ao dinheiro cobrado sobre os artigos/insumos que indiretamente aumenta o preço dos artigos/insumos.

Importância do imposto:

1) É utilizado para obter receitas para as despesas públicas, tais como a prestação de serviços essenciais, o financiamento de projectos de capital e a manutenção da lei e da ordem.

2) Os impostos são impostos com o objetivo de reduzir a desigualdade de rendimentos através de uma tributação progressiva, por exemplo

No sistema PAYE (pay as you earn), as pessoas com rendimentos mais elevados são obrigadas a pagar impostos elevados.

3) Os impostos são impostos para reduzir o consumo e a produção de bens nocivos, por exemplo

o álcool e os cigarros, os impostos pesados sobre estes produtos conduzem a príncipes que vendem muito, o que descobre o consumo destes produtos.

4) A tributação pode ser utilizada como medida anti-inflacionista, por exemplo, o aumento do imposto sobre o rendimento das pessoas singulares reduziria o rendimento disponível das pessoas. Isto ajudaria a reduzir a quantidade de dinheiro em circulação, reduzindo assim a pressão inflacionista na comunidade.

5) O governo pode utilizar a tributação para proteger as indústrias nascentes. Para o efeito, impõe direitos aduaneiros elevados sobre a importação de bens semelhantes aos produzidos pelas indústrias nascentes.

2.16DINHEIRO E ACTIVIDADE BANCÁRIA

O QUE É O DINHEIRO?

O dinheiro é qualquer objeto que todos aceitam como meio de troca. É amplamente reconhecido como um meio de aquisição de bens e serviços e de pagamento de dívidas. Permite às pessoas receberem tudo o que necessitam para a sua subsistência.

Nos tempos antigos, as pessoas costumavam obter coisas através do sistema de troca direta. Neste caso, dois indivíduos ou partes trocavam bens e serviços de que o outro necessitava. Mas o método anterior de troca não tinha a facilidade de transferência que acabou por conduzir à invenção do dinheiro.

Por exemplo, se alguém tem arroz mas precisa de leite, tem de encontrar alguém que não só tenha leite mas também tenha o requisito de preparar refeições. E se alguém encontrar uma pessoa que possa oferecer leite mas precise de roupa?

Numa situação destas, não é possível efetuar uma transação. Devido a estes problemas recorrentes, surgiu um meio de troca relativamente mais simples, que atualmente é reconhecido em todo o mundo. De acordo com o significado de dinheiro em economia, é um meio de troca, uma unidade de contabilidade que permite às pessoas efetuar qualquer transação.

Em termos de troca, os comerciantes aceitam o dinheiro como um meio para comprar ou vender mercadorias e os trabalhadores consideram-no um meio de remuneração do seu trabalho. Como unidade de contabilidade, funciona como um método de cálculo rápido e fácil.

Por exemplo, quando alguém pergunta o valor de um artigo, este pode ser simplesmente indicado na sua denominação monetária.

2.17QUAIS SÃO AS PROPRIEDADES DO DINHEIRO?

O conceito de moeda em economia é considerado como um elemento crucial para o bom funcionamento de uma economia. Tornou-se um meio de troca essencial em todo o mundo. Tem valor e as pessoas utilizam-no para obter coisas que desejam.

Existem propriedades específicas da moeda que explicam a sua utilização a nível mundial. Algumas delas incluem:

- **Intercambialidade:** A moeda tem uma aplicação universal, uma vez que pode ser trocada por outras coisas.
- **Utilização repetida:** Pode ser utilizado várias vezes para comprar qualquer coisa. Não perde o seu valor com o tempo.
- **Transferível:** Qualquer pessoa pode transportar dinheiro de um sítio para outro devido à sua portabilidade.

2.18TIPOS DE DINHEIRO

Depois de se familiarizar com a definição do termo "dinheiro", o passo seguinte consiste em conhecer os tipos de dinheiro que o acompanham. Trata-se de uma questão importante, que se repete nos documentos de perguntas do ano anterior.

De acordo com os economistas, o dinheiro pode ser classificado em quatro tipos

1. **Fiat Money-** Consiste no tipo de moeda que é legalmente emitida pelo governo. Em termos mais simples, não envolve mercadorias físicas como o ouro e a prata. Exemplos de moeda fiduciária incluem o dólar americano, o euro e a libra esterlina.
2. **Moeda comercial -** É o tipo de moeda que é gerada pelos bancos comerciais. Os bancos comerciais são responsáveis pela produção de dinheiro através da concessão de empréstimos. Pode ser em qualquer forma, como empréstimos pessoais, hipotecas, etc. Em termos mais simples, o montante de dinheiro produzido pelos bancos comerciais é designado por moeda comercial.
3. **Dinheiro fiduciário** - Sabe o que é um cheque? Bem, é um dos principais exemplos para compreender o dinheiro fiduciário. Um cheque é definido como um meio de pagamento entre o pagador e o beneficiário que se baseia na confiança entre estas pessoas e não em qualquer envolvimento oficial do governo. Em termos simples, a moeda fiduciária é o tipo de moeda que envolve dinheiro baseado na confiança entre o pagador e o beneficiário.
4. **Moeda de mercadorias-** Como o termo descreve, é definida como o tipo de moeda que se baseia no valor de uma mercadoria. Estas mercadorias têm um valor interno próprio. Este varia de mercadoria para mercadoria. Os exemplos de Moeda de Mercadoria incluem: ouro, prata, cobre.

2.19BANCÁRIO

Um banco é uma instituição financeira que permite às pessoas efetuar depósitos e receber crédito. Na Índia, os bancos são autorizados pelo Banco de Reserva da Índia. O seu objetivo é prestar assistência financeira aos mutuários e permitir transacções em numerário.

Do mesmo modo, a banca é um sector que permite o crédito, gere depósitos e presta ajuda financeira aos mutuários. Em termos mais gerais, é uma rede que facilita o fluxo de dinheiro na economia. Os bancos também facilitam às empresas a obtenção de um montante adequado de fundos para financiar as suas operações.

O dinheiro e a banca são os dois componentes mais essenciais que impulsionam a economia. O dinheiro permite que as pessoas façam transacções, enquanto os bancos desempenham um papel vital na circulação da oferta de dinheiro no mercado.

2.20DIFERENTES TIPOS DE BANCOS?

Os bancos oferecem oportunidades de crédito a longo prazo, tais como cartões de crédito, empréstimos comerciais, hipotecas, etc. À semelhança de outras empresas, o objetivo de qualquer banco é obter lucros.

Obtêm lucros com a diferença entre as taxas de juro cobradas aos mutuários e as oferecidas aos depositantes.

Por exemplo, um banco obtém 4% de lucro cobrando 6% de juros aos seus mutuários e pagando 2% de juros aos titulares de contas de poupança.

Existem diferentes tipos de bancos a operar no mercado. A lista é a seguinte

- **Bancos de retalho:** Estes bancos oferecem serviços ao público e lidam com o mercado de retalho. Os seus serviços são conhecidos como banca geral, uma vez que oferecem facilidades como contas de poupança, contas correntes, empréstimos a curto prazo, cartões de crédito, empréstimos pessoais, etc. A maioria dos bancos de retalho oferece facilidades de gestão de património aos seus clientes. Também oferecem facilidades de câmbio aos seus clientes NRI.
- **Bancos comerciais:** Também conhecidos como bancos de empresas, estas instituições prestam serviços específicos às empresas. Para além das suas funções bancárias diárias, oferecem serviços de gestão de tesouraria, financiamento do comércio, imobiliário e serviços patronais aos seus clientes empresariais.
- **Bancos de câmbio:** Estes bancos facilitam principalmente o comércio externo num país. Aceitam, cobram e permitem o desconto de letras de câmbio. Estes bancos também se dedicam à compra e venda de moedas estrangeiras, juntamente com actividades bancárias gerais.
- **Bancos cooperativos:** A principal função destes bancos é conceder empréstimos a uma taxa de

taxa de juro relativamente mais baixa para os agricultores. Oferecem aos seus clientes facilidades de crédito a curto e a longo prazo. Os empréstimos a curto prazo incluem crédito para a compra de fertilizantes, sementes, etc., enquanto os fundos a longo prazo incluem ofertas de crédito aos agricultores para a compra de terras, etc.

- **Bancos Centrais:** Um banco central é considerado como um prestamista de última instância. Não lida diretamente com o público em geral; em vez disso, regula as funções dos outros bancos. São responsáveis pelo controlo da inflação, da taxa de juro e da política monetária, entre outras funções necessárias numa economia.

Porque é que a banca é essencial?

- O principal objetivo de um banco é manter o dinheiro dos clientes em segurança. As pessoas consideram seguro guardar dinheiro nos bancos, uma vez que estes oferecem proteção.
- Para além da segurança, oferece juros sobre as poupanças aos seus clientes. Em vez de guardar dinheiro em casa, as pessoas acham mais cómodo poupar nos bancos.
- A banca tornou-se parte integrante, uma vez que facilita a concessão de empréstimos a diferentes entidades. Por exemplo, oferecem empréstimos e cartões de crédito a particulares para aumentar o seu poder de compra. Também prestam aconselhamento financeiro aos seus mutuários para ajudar nas decisões de negócio.

Tem havido uma evolução constante do dinheiro e da banca ao longo do tempo. Com a crescente procura dos clientes, foram implementadas novas regulamentações no sector bancário. O valor do dinheiro muda sempre com o tempo, e os bancos asseguram um fluxo regular de dinheiro no mercado.

2.21RENDIMENTO AGREGADO

Rendimento agregado: é o total de todos os rendimentos numa economia sem ajustamentos para a inflação, tributação ou tipos de dupla contagem. O rendimento agregado é uma forma de PIB que é igual à despesa de consumo mais os lucros líquidos. O "rendimento agregado" em economia é um termo concetual amplo. Pode exprimir as receitas da produção total na economia para os produtores dessa produção. Existem várias formas de medir o rendimento agregado, mas o PIB é uma das mais conhecidas e mais utilizadas.

Medição através do PIB: PIB significa produto interno bruto. O PIB é uma medida da produção económica de um país. É geralmente definido como o valor total de mercado dos bens e serviços produzidos num determinado período, depois de deduzido o custo dos bens e serviços utilizados no processo de produção, mas antes de se ter em conta a depreciação. A maioria dos países compila estimativas do seu PIB com base nas diretrizes das Nações Unidas.

O PIB (Y) é a soma do consumo (C), do investimento (I), das despesas públicas (G) e das exportações líquidas (X - M).

$Y = C + I + G + (X - M)$

Segue-se uma descrição de cada componente do PIB:

O C (consumo) é normalmente a maior componente do PIB na economia, consistindo na despesa privada (despesa de consumo final das famílias) na economia. Estas despesas pessoais enquadram-se numa das seguintes categorias: bens duradouros, bens não duradouros e serviços. Os exemplos incluem alimentação, renda, jóias, gasolina e despesas médicas, mas não incluem a compra de novas habitações.

I (investimento) inclui, por exemplo, o investimento empresarial em equipamento, mas não inclui a troca de activos existentes. Os exemplos incluem a construção de uma nova mina, a compra de software ou a compra de maquinaria e equipamento para uma fábrica. As despesas das famílias (não do governo) em novas casas também estão incluídas no investimento. Em contraste com o seu significado coloquial, "investimento" no PIB não significa a compra de produtos financeiros. A compra de produtos financeiros é classificada como "poupança", por oposição ao investimento. Isto evita a dupla contagem: se alguém compra acções de uma empresa e esta utiliza o dinheiro recebido para comprar instalações, equipamento, etc., o montante será contabilizado para o PIB quando a empresa gastar o dinheiro nessas coisas; contabilizá-lo também quando o dá à empresa seria contabilizar duas vezes um montante que apenas corresponde a um grupo de produtos. A compra de obrigações ou de acções é uma troca de títulos, uma transferência de créditos sobre a produção futura, e não diretamente uma despesa em produtos.

G (despesas públicas) é a soma das despesas públicas em bens e serviços finais. Inclui os salários dos funcionários públicos, as compras de armas para as forças armadas e quaisquer despesas de investimento efectuadas por um governo. Não inclui quaisquer pagamentos de transferências, como a segurança social ou os subsídios de desemprego.

X (exportações) representa as exportações brutas. O PIB capta o montante que um país produz, incluindo bens e serviços produzidos para consumo de outras nações, pelo que as exportações são adicionadas.

Componente

Há uma série de variáveis diferentes que entram na determinação do rendimento agregado. Essas variáveis incluem:

> **Rendimento dos trabalhadores por conta de outrem:** Rendimentos combinados de todos os trabalhadores por conta de outrem num país antes de serem retirados quaisquer impostos desse rendimento.

> **Rendimento do empresário:** Rendimento que é obtido pelos proprietários de empresas através da exploração das suas empresas.

> **Rendimento de aluguer:** Rendimento obtido pelos proprietários de imóveis que cobram uma renda pela utilização das suas propriedades.

> **Rendimento das empresas:** Rendimento obtido pelas empresas.

> **Rendimento de juros:** Rendimento que é obtido através do pagamento de juros sobre fundos investidos.

> **Rendimento das administrações públicas:** Rendimento obtido pelo governo de um país.

> **Subsídios governamentais:** Dinheiro que o governo paga a trabalhadores, empresários, proprietários de imóveis, empresas e pessoas que auferem juros.

Cálculo

O rendimento agregado é o rendimento bruto, e o termo refere-se geralmente aos rendimentos combinados de um casal que apresenta uma declaração fiscal conjunta. Inclui o rendimento de todas as fontes. Agora que sabemos quais são as variáveis necessárias para determinar o rendimento agregado, vamos analisar a fórmula para o seu cálculo. Primeiro, vamos atribuir algumas abreviaturas às variáveis que foram discutidas.

E = Rendimento dos trabalhadores por conta de outrem
B = Rendimento do empresário
R = Rendimento de rendas
C = Rendimento das empresas
I = Rendimento de juros
G = Rendimento do Estado
S = Subsídios governamentais

A fórmula para determinar o rendimento global é a seguinte:

Rendimento agregado = E + B + R + C + I + (G - S)

Note-se que os subsídios do Estado são subtraídos ao rendimento do Estado antes de se determinar a soma dos outros factores.

2.22DESPESAS AGREGADAS

O modelo da despesa agregada relaciona as componentes da despesa (consumo, investimento, compras do Estado e exportações líquidas) com o nível de atividade económica. No curto prazo, considerando o nível de preços como fixo, o nível de despesa previsto pelo modelo de despesa agregada determina o nível de atividade económica numa economia.

Uma ideia do fluxo circular é que o produto interno bruto real (PIB real) mede três coisas: a produção das empresas, o rendimento auferido pelas famílias e a despesa total com a produção das empresas. O modelo de despesa agregada centra-se nas relações entre a produção (PIB) e a despesa planeada:

PIB = despesas planeadas = consumo + investimento + compras do Estado + exportações líquidas. As despesas planeadas dependem do nível de rendimento/produção de uma economia, pelas seguintes razões

- Se as famílias tiverem um rendimento mais elevado, aumentarão as suas despesas. (Este facto é captado pela função de consumo).
- É provável que as empresas decidam que níveis de produção mais elevados - especialmente se se espera que persistam - significam que devem aumentar o seu stock de capital e, portanto, aumentar o seu investimento.
- Um rendimento mais elevado significa que os consumidores nacionais são susceptíveis de gastar mais em bens importados. Uma vez que as exportações líquidas são iguais às exportações menos as importações, importações mais elevadas significam exportações líquidas mais baixas.

A relação negativa com as exportações líquidas não é suficientemente grande para superar as outras relações positivas, pelo que concluímos que quando o rendimento aumenta, também aumenta a despesa planeada. Ilustramos este facto na Figura 16.11 "Despesa planeada no modelo de despesa agregada", onde supomos, por simplicidade, que existe uma relação linear entre a despesa e o PIB.

2.23INVESTIMENTO AGREGADO

Investimento Agregado significa o montante pago ao Vendedor relativamente ao Juro Adquirido ou parte do mesmo por cada Comprador nos termos do Acordo, conforme reduzido periodicamente pelas Colecções distribuídas e aplicadas por conta desse Investimento Agregado.

2.24TAXA DE JURO AGREGADA

A taxa de juro é o montante cobrado pelo mutuante ao mutuário para além do montante do capital. Em termos do recetor, uma pessoa que deposita dinheiro em qualquer banco ou instituição financeira também obtém um rendimento adicional, tendo em conta o valor temporal do dinheiro, designado por juros recebidos pelo depositante.

As taxas de juro dos empréstimos contraídos e dos depósitos podem diferir em função do objetivo e do destinatário do montante.

Taxa de juro dos empréstimos contraídos

A contração de empréstimos tornou-se predominante em termos do bom funcionamento das práticas comerciais e da regulação adequada do dinheiro na economia, e o processo de contração de empréstimos também foi flexibilizado para ajudar as empresas a crescer.

Os empréstimos não só aliviam os problemas financeiros, como também ajudam o mutuário a planear melhor as suas finanças.

As taxas de juro dos empréstimos contraídos são fixadas em função do tipo de mutuário e da notação de crédito que lhe está associada. Suponhamos que o mutuário tem uma notação de crédito baixa. Nesse caso, é possível que os bancos não emprestem dinheiro de todo, cobrando taxas de juro extremas ou mantendo o dobro do montante da garantia.

Os credores privados também concedem empréstimos aos mutuários, mas os seus termos e condições podem ser diferentes dos empréstimos convencionais obtidos junto de bancos ou instituições financeiras. Podem cobrar juros elevados sobre o montante emprestado e outras condições adicionais.

Em caso de incumprimento, os bancos ou as instituições financeiras deixam de cobrar juros e reclassificam os activos nos seus livros. Em caso de pré-pagamento, são cobrados uma penalização e juros ao mutuário para evitar a perda de rendimentos regulares, tendo em conta o valor temporal do dinheiro.

Taxas de juro dos depósitos

As pessoas depositam o dinheiro em excesso em bancos e instituições financeiras para obterem rendimentos adicionais sob a forma de juros, dependendo do valor temporal do dinheiro e do efeito de capitalização. Os juros podem ser obtidos sob a forma de juros simples e juros compostos.

Juros simples

Trata-se de uma forma mais simples de calcular os juros sobre o montante principal, uma vez que o prazo do empréstimo é considerado apenas para esse ano e os juros são cobrados ou pagos todos os anos sobre o mesmo montante inicial depositado ou emprestado, consoante o caso.

É mais fácil de calcular, e um leigo também pode compreender o seu cálculo.

Por exemplo, se o montante do capital inicial for de $100 e a taxa de juro for de 10% ao ano durante um ano, os juros serão calculados da seguinte forma

= $ 100 * 10% * 1

= $ 10

Ou seja, montante do capital * taxa de juro * tempo (duração do empréstimo/depósito)

Assim, de acordo com o cálculo acima, 110 dólares serão pagos ou recebidos pelo mutuário ou depositante no final de um ano.

Juros compostos

A capitalização, tal como definida no dicionário, refere-se ao "cálculo de juros sobre juros previamente acumulados". Um leigo pode não o receber bem, pois pode parecer um pouco complicado em comparação com o cálculo de juros simples.

Vejamos a fórmula através da qual os juros compostos são calculados

= Montante do capital * [(1 + taxa de juro) n - 1]

Em que n= número de períodos de capitalização

Pode ainda não ser claro para muitos. Mas, analisando atentamente a fórmula e a definição de capitalização, é possível perceber o seu significado.

As taxas de juro são úteis quando são compostas, pois consideram o valor temporal do dinheiro, uma vez que os juros também são fornecidos ou cobrados sobre o montante já recebido, bem como sobre o montante principal, pelo que não há perda de juros sobre o montante depositado.

Os juros sobre juros são a principal vantagem da capitalização e podem ser benéficos para os depositantes, uma vez que as taxas de juro dos depósitos são geralmente mais baixas do que os juros dos empréstimos contraídos.

Alguns mutuantes tendem também a cobrar juros numa base de capitalização, em função da sua política ou da notação de crédito do mutuário.

Dívida versus capital próprio

O capital próprio é constituído pelos fundos detidos pela empresa, não sendo a empresa responsável perante os seus proprietários por esses fundos. A dívida é o empréstimo de fundos da empresa, sobre o qual a empresa paga juros obrigatoriamente a taxas de juro pré-definidas.

As empresas não devem depender muito de fundos emprestados, uma vez que isso coloca dúvidas significativas sobre a propriedade da empresa. O rácio dívida/capital próprio entre 0,5-1,5 é considerado ideal no sector, mas pode variar em função de outros factores.

Quais são os factores que afectam as taxas de juro?

As taxas de juro são afectadas com base na pontuação de crédito do mutuário, no rácio de rendimentos, em factores de mercado, na inflação, etc.

Qual é a principal diferença entre juros simples e compostos?

Os juros simples diferem dos juros compostos principalmente em termos de cobrança de juros sobre os fundos acumulados que são efectuados na composição e são ignorados no cálculo dos juros simples.

2.25POUPANÇAS AGREGADAS

A poupança agregada mede a parte do rendimento nacional disponível que não é utilizada para despesas de consumo final. A poupança nacional bruta (ou líquida) é a soma da poupança bruta (ou líquida) dos vários sectores institucionais.

Por definição, a poupança agregada, S, é a diferença entre o rendimento total e o consumo corrente. O rendimento total é a soma dos rendimentos não imobiliários, Y, mais os rendimentos imobiliários, indicados por R, excluindo os ganhos ou perdas de capital.

2.26EMPREGO AGREGADO

Emprego agregado significa o período ou períodos acumulados de emprego durante os quais o nome de um funcionário está autorizado a aparecer na folha de pagamentos da Empresa a partir da sua data de emprego.

O emprego é uma relação entre duas partes que regula a prestação de serviços laborais remunerados. Normalmente, com base num contrato, uma das partes, o empregador, que pode ser uma empresa, uma organização sem fins lucrativos, uma cooperativa ou qualquer outra entidade, paga à outra, o trabalhador, em troca da realização de um trabalho atribuído. Os assalariados trabalham em troca de um salário, que pode ser pago à hora, à peça ou anual, consoante o tipo de trabalho realizado, as condições prevalecentes no sector e o poder de negociação entre as partes. Em alguns sectores, os trabalhadores podem receber gratificações, prémios ou opções de compra de acções. Em alguns tipos de emprego, os trabalhadores podem receber benefícios para além do pagamento. Os benefícios podem incluir seguro de saúde, alojamento, seguro de invalidez. O emprego é normalmente regido por leis laborais, organizações ou contratos legais.

Relação empregador-trabalhador

O controlo da entidade patronal e da gestão numa organização situa-se a vários níveis e tem implicações importantes tanto para o pessoal como para a produtividade, constituindo o controlo a ligação fundamental entre os resultados desejados e os processos reais. Os empregadores devem equilibrar interesses como a diminuição das restrições salariais com a maximização da produtividade do trabalho, a fim de alcançar uma relação de trabalho rentável e produtiva.

2.27INFLAÇÃO

Em economia, **a inflação** é um aumento geral dos preços. Esta é geralmente medida através do índice de preços no consumidor (IPC). Quando o nível geral de preços aumenta, cada unidade de moeda compra menos bens e serviços; consequentemente, a inflação corresponde a uma redução do poder de compra da moeda. O oposto da inflação do IPC é a deflação, uma diminuição do nível geral de preços dos bens e serviços. A medida comum da inflação é a **taxa de inflação**, a variação percentual anualizada num índice geral de preços. Uma vez que os preços praticados pelas famílias não aumentam todos à mesma taxa, o índice de preços no consumidor (IPC) é frequentemente utilizado para este efeito. O índice de custos do trabalho também é utilizado para os salários nos Estados Unidos.

Há divergências entre os economistas quanto às causas da inflação. A inflação baixa ou moderada é geralmente atribuída a flutuações na procura real de bens e serviços ou a alterações na oferta disponível, por exemplo, em períodos de escassez. A inflação moderada afecta as economias de forma positiva e negativa. Os efeitos negativos incluem o aumento do custo de oportunidade da detenção de moeda, a incerteza quanto à inflação futura, que pode desincentivar o investimento e a poupança e, se a inflação for suficientemente rápida, a escassez de bens, uma vez que os consumidores começam a acumular bens por receio de que os preços aumentem no futuro. Os efeitos positivos incluem a redução do desemprego devido à rigidez dos salários nominais, permitindo ao banco central uma maior liberdade na execução da política monetária, incentivando os empréstimos e o investimento em vez da acumulação de dinheiro e evitando as ineficiências associadas à deflação.

O termo tem origem no latim *inflare* (soprar para dentro ou insuflar). Em termos conceptuais, a inflação refere-se à tendência geral dos preços e não às variações de um preço específico. Por exemplo, se as pessoas optarem por comprar mais pepinos do que tomates, os pepinos tornar-se-ão mais caros e os tomates mais baratos. Estas alterações não estão relacionadas com a inflação; reflectem uma mudança nos gostos. A inflação está relacionada com o valor da própria moeda. Quando a moeda estava ligada ao ouro, se fossem descobertos novos depósitos de ouro, o preço do ouro e o valor da moeda cairiam e, consequentemente, os preços de todos os outros bens aumentariam.

2.28O QUE CAUSA A INFLAÇÃO?

A inflação é uma medida da rapidez com que os preços dos bens e serviços estão a aumentar. Se a inflação estiver a ocorrer, levando ao aumento dos preços dos bens de primeira necessidade, como os alimentos, pode ter um impacto negativo na economia em geral.

A inflação pode ocorrer em quase todos os produtos ou serviços, incluindo despesas baseadas na necessidade, como habitação, alimentação, cuidados médicos e serviços públicos, bem como despesas de consumo, como cosméticos, automóveis e jóias. Quando a inflação se torna predominante numa economia, a expetativa de mais inflação torna-se uma preocupação dominante na consciência dos consumidores e das empresas.

Os bancos centrais das economias desenvolvidas, incluindo a Reserva Federal nos EUA, monitorizam a inflação. A Fed tem um objetivo de inflação de aproximadamente 2% e ajusta a política monetária para combater a inflação se os preços subirem demasiado ou demasiado depressa.

A inflação pode ser uma preocupação porque torna o dinheiro poupado hoje menos valioso amanhã. A inflação corrói o poder de compra de um consumidor e pode mesmo interferir com a capacidade de se reformar. Por exemplo, se um investidor ganhou 5% com investimentos em acções e obrigações, mas a taxa de inflação foi de 3%, o investidor ganhou apenas 2% em termos reais. Neste artigo, examinaremos os factores fundamentais subjacentes à inflação, os diferentes tipos de inflação e quem beneficia com ela.

PRINCIPAIS CONCLUSÕES

- A inflação é uma medida da taxa de aumento dos preços dos bens e serviços numa economia.
- A inflação pode ocorrer quando os preços sobem devido ao aumento dos custos de produção, como as matérias-primas e os salários.
- Um aumento da procura de produtos e serviços pode causar inflação, uma vez que os consumidores estão dispostos a pagar mais pelo produto.
- Algumas empresas beneficiam da inflação se puderem cobrar mais pelos seus produtos em resultado da elevada procura dos mesmos.

2.29TIPOS DE INFLAÇÃO

Existem vários factores que podem determinar os preços ou a inflação numa economia. Normalmente, a inflação resulta de um aumento dos custos de produção ou de um aumento da procura de produtos e serviços.

Inflação induzida pelos custos

A inflação impulsionada pelos custos ocorre quando os preços sobem devido ao aumento dos custos de produção, como as matérias-primas e os salários. A procura de bens mantém-se inalterada, enquanto a oferta de bens diminui devido aos custos de produção mais elevados. Consequentemente, os custos de produção acrescidos são transferidos para os consumidores sob a forma de preços mais elevados dos produtos acabados.

Um dos sinais de uma possível inflação impulsionada pelos custos pode ser visto no aumento dos preços das matérias-primas, como o petróleo e os metais, uma vez que são factores de produção importantes. Por exemplo, se o preço do cobre subir, as empresas que utilizam o cobre para fabricar os seus produtos podem aumentar os preços dos seus produtos. Se a procura do produto for independente da procura de cobre, a empresa repercutirá os custos mais elevados das matérias-primas nos consumidores. O resultado é um aumento dos preços para os consumidores sem qualquer alteração na procura dos produtos consumidos.

Os salários também afectam o custo de produção e são, normalmente, a maior despesa das empresas. Quando a economia está a ter um bom desempenho e a taxa de desemprego é baixa, pode haver falta de mão de obra ou de trabalhadores. As empresas, por sua vez, aumentam os salários para atrair candidatos qualificados, fazendo com que os custos de produção aumentem para a empresa. Se a empresa aumentar os preços devido ao aumento dos salários dos trabalhadores, dá-se a inflação de custos.

As catástrofes naturais também podem fazer subir os preços. Por exemplo, se um furacão destruir uma cultura como o milho, os preços podem aumentar em toda a economia, uma vez que o milho é utilizado em muitos produtos.

Inflação induzida pela procura

A inflação induzida pela procura pode ser causada por uma forte procura de um produto ou serviço por parte dos consumidores. Quando se regista um aumento da procura de uma vasta gama de bens numa economia, os seus preços tendem a aumentar. Embora isto não constitua frequentemente uma preocupação para os desequilíbrios de curto prazo da oferta e da procura, a procura sustentada pode repercutir-se na economia e aumentar os custos de outros bens; o resultado é a inflação induzida pela procura.

A confiança dos consumidores tende a ser elevada quando o desemprego é baixo e os salários estão a aumentar - o que leva a mais despesas. A expansão económica tem um impacto direto no nível de despesa dos consumidores numa economia, o que pode levar a uma elevada procura de produtos e serviços. À medida que a procura de um determinado bem ou serviço aumenta, a oferta disponível diminui. Quando há menos artigos disponíveis, os consumidores estão dispostos a pagar mais para obter o artigo - tal como descrito no princípio económico da oferta e da procura. O resultado são preços mais elevados devido à inflação induzida pela procura.

As empresas também desempenham um papel na inflação, especialmente se fabricam produtos populares. Uma empresa pode aumentar os preços pelo simples facto de os consumidores estarem dispostos a pagar esse aumento. As empresas também aumentam os preços livremente quando o artigo à venda é algo de que os consumidores necessitam para a sua vida quotidiana, como o petróleo e o gás. No entanto, é a procura por parte dos consumidores que permite às empresas aumentar os preços.

Inflação incorporada e aumento dos salários

A inflação incorporada ocorre quando um número suficiente de pessoas espera que a inflação continue no futuro. À medida que o preço dos bens e serviços aumenta, as pessoas podem passar a acreditar num aumento contínuo no futuro a uma taxa semelhante. Devido a estas expectativas partilhadas, os trabalhadores podem começar a exigir salários mais elevados para antecipar a subida dos preços e manter o seu nível de vida. O aumento dos salários traduzir-se-á em custos mais elevados para as empresas, que poderão repercutir esses custos nos consumidores. Os salários mais altos também aumentam o rendimento disponível dos consumidores, aumentando a procura de bens que podem fazer subir ainda mais os preços. Pode então instalar-se uma espiral salários-preços, na medida em que um fator se repercute no outro e vice-versa.

O mercado da habitação

O mercado da habitação, por exemplo, tem tido os seus altos e baixos ao longo dos anos. Se houver procura de casas porque a economia está em expansão, os preços das casas aumentarão. A procura também tem impacto nos produtos e serviços auxiliares que apoiam o sector da habitação. Os produtos de construção, como a madeira e o aço, bem como os pregos e rebites utilizados nas habitações, podem registar um aumento da procura resultante de uma maior procura de habitações.

Política fiscal e monetária expansionista

Uma política orçamental expansionista por parte dos governos pode aumentar o montante do rendimento discricionário tanto para as empresas como para os consumidores. Se um governo reduzir os impostos, as empresas podem gastá-los em melhorias de capital, na remuneração dos empregados ou em novas contratações. Os consumidores também podem comprar mais bens. O governo também pode estimular a economia aumentando a despesa em projectos de infra-estruturas. O resultado pode ser um aumento da procura de bens e serviços, levando a aumentos de preços.

Tal como a política orçamental expansionista pode estimular a inflação, também a política monetária frouxa o pode fazer. A política monetária expansionista dos bancos centrais pode baixar as taxas de juro. Os bancos centrais, como a Reserva Federal, podem baixar o custo dos empréstimos bancários, o que permite aos bancos emprestar mais dinheiro às empresas e aos consumidores. O aumento do dinheiro disponível em toda a economia leva a um aumento das despesas e da procura de bens e serviços.

Desvalorização monetária

Os monetaristas entendem que a inflação é causada pelo facto de haver demasiados dólares a serem utilizados para comprar poucos bens. Por outras palavras, a oferta de moeda cresceu demasiado. De acordo com esta teoria, o valor da moeda está sujeito à lei da oferta e da procura, tal como qualquer outro bem no mercado. Quando a oferta aumenta, o valor desce. Se o valor da moeda desce, o seu poder de compra diminui e as coisas tornam-se relativamente mais caras.

2.30MEDIDAS DE INFLAÇÃO

Índice de Preços no Consumidor (IPC)

Existem algumas métricas que são utilizadas para medir a taxa de inflação. Um dos mais populares é o Índice de Preços no Consumidor (IPC), que mede os preços de um cabaz de bens e serviços na economia, incluindo alimentação, automóveis, educação e lazer. As alterações nos preços deste cabaz, por conseguinte, aproximam-se das alterações nos preços em toda a economia. O IPC é frequentemente o indicador económico de eleição utilizado para medir a inflação.

Embora o IPC meça as variações de preços de bens de retalho e outros itens pagos pelos consumidores, não inclui coisas como poupanças e investimentos, e muitas vezes exclui as despesas dos visitantes estrangeiros.

Índice de Preços no Produtor (PPI)

Outra medida da inflação é o Índice de Preços no Produtor (PPI), que reporta as alterações de preços que afectam os produtores nacionais. O PPI mede os preços dos combustíveis, produtos agrícolas (carnes e cereais), produtos químicos e metais. Se os aumentos de preços que provocam a subida do PPI se repercutirem nos consumidores, isso refletir-se-á no Índice de Preços no Consumidor.

O PPI mede a inflação do ponto de vista dos produtores; o preço médio de venda que recebem pela sua produção durante um período de tempo. Entretanto, o IPC mede os preços do ponto de vista do consumidor.

Como proteger-se contra a inflação

Uma inflação elevada é geralmente negativa, prejudicando tanto os consumidores como as empresas. Existem, no entanto, algumas formas de proteção contra a inflação:

- **Fixar taxas de juro fixas baixas**: Uma hipoteca a 30 anos com uma taxa de juro fixa baixa está protegida contra a inflação. Procure contrair um empréstimo quando as taxas de juro são baixas e considere o refinanciamento quando as taxas baixarem
- **Investir em acções**: Os mercados de acções tendem a ter um desempenho relativamente melhor do que as obrigações num ambiente de inflação elevada, uma vez que muitas empresas acabam por transferir os custos mais elevados para os consumidores, o que protege os lucros. As empresas que produzem produtos de base ou bens de primeira necessidade são frequentemente boas apostas. As obrigações, por outro lado, vêem os seus preços descer à medida que as taxas de juro sobem juntamente com a inflação.
- **Comprar títulos protegidos contra a inflação**: Alguns produtos financeiros estão ligados à inflação (muitas vezes através de alterações no IPC), como os Títulos do Tesouro Protegidos contra a Inflação, ou TIPS, que se ajustam no preço para compensar a inflação. Alguns produtos de seguros de vida permanentes e anuidades também podem ter a opção de serem ajustados à inflação, muitas vezes sob a forma de um ajustamento do custo de vida (COLA).
- **Poupar a taxas de juro elevadas**: Utilize as taxas de juro elevadas para poupar dinheiro em contas do mercado monetário ou CD com rendimentos mais favoráveis. No entanto, se o rendimento for inferior à taxa de inflação, continuará a perder poder de compra.
- **Comprar uma proteção contra a inflação**: Certos activos, como o ouro e os bens imobiliários, são considerados bons protectores contra a inflação, aumentando o seu valor a par de uma subida geral dos preços.
- **Possuir um imóvel para arrendamento:** Quando a inflação atinge, os proprietários podem frequentemente aumentar a renda para acompanhar o ritmo. Se tiver uma propriedade de rendimento com uma hipoteca de taxa fixa, isto pode melhorar consideravelmente os seus resultados.

2.31 TEORIA DA DISTRIBUIÇÃO

Teoria da distribuição, em economia, a tentativa sistemática de explicar a partilha do rendimento nacional entre os proprietários dos factores de produção - terra, trabalho e capital. Tradicionalmente, os economistas têm estudado a forma como os custos destes factores e a dimensão do seu retorno - rendas, salários e lucros - são fixados.

A teoria da distribuição envolve três conjuntos distintos de questões. Primeiro, como é que o rendimento nacional é distribuído entre as pessoas? Quantas pessoas ganham menos de

10.000 dólares, quantas entre 10.000 e 20.000 dólares, quantas entre 20.000 e 30.000 dólares, e assim por diante? Existem regularidades nestas estatísticas? É possível generalizar sobre elas? Este é o problema da distribuição pessoal. Em segundo lugar, o que determina os preços dos factores de produção? Quais são as influências que regem a taxa de salário para um tipo específico de trabalho? Porque é que o nível salarial geral de um país não é mais baixo ou mais alto do que é? O que é que determina a taxa de juro? O que é que determina os lucros e as rendas? Estas questões têm a ver com a distribuição funcional. Em terceiro lugar, como é que o rendimento nacional é distribuído proporcionalmente entre os factores de produção? O que determina a quota-parte do trabalho no rendimento nacional, a quota-parte do capital, a quota-parte da terra? Este é o problema das quotas distributivas. Embora os três conjuntos de problemas estejam obviamente inter-relacionados, não devem ser confundidos uns com os outros. As abordagens teóricas a cada um deles envolvem considerações bastante diferentes.

2.32ASPECTOS DA DISTRIBUIÇÃO

Distribuição pessoal

A distribuição pessoal é, antes de mais, uma questão de estatísticas e das conclusões que delas se podem tirar. Quando os rendimentos são apresentados de acordo com o número de pessoas em cada categoria de dimensão, a distribuição de frequências resultante é bastante surpreendente. Geralmente, os 10% mais ricos recebem entre 25 e 35% do rendimento nacional, enquanto os 20% mais pobres recebem cerca de 5% do rendimento nacional. A desigualdade parece ser maior nos países pobres e diminui um pouco no decurso do desenvolvimento económico.

Há várias explicações para a desigualdade. Algumas autoridades apontam para a desigualdade natural dos seres humanos (diferenças de inteligência e de capacidade), outras para os efeitos das instituições sociais (incluindo a educação); algumas sublinham factores económicos como a escassez; outras invocam conceitos políticos como o poder, a exploração ou a estrutura da sociedade.

Durante muito tempo, os economistas foram pessimistas quanto às possibilidades de uma melhoria substancial da situação das pessoas que se encontram na base da distribuição dos rendimentos. Em geral, consideravam que a escassez de terras produtivas e a tendência da população para aumentar mais rapidamente do que os meios de subsistência impunham limites à justiça distributiva. David Ricardo, em *On the Principles of Political Economy and Taxation* (1817), defendia que os proprietários de terras receberiam uma parte cada vez maior do rendimento nacional, enquanto os capitalistas receberiam cada vez menos, e que esta mudança na distribuição conduziria à estagnação económica. Karl Marx profetizou que os trabalhadores seriam cada vez mais explorados e tornados miseráveis e que estas condições conduziriam à queda do capitalismo. Nenhuma das previsões se concretizou. Assim, no mundo ocidental, a parte das rendas diminuiu para apenas alguns por cento do rendimento nacional, enquanto a parte do trabalho aumentou gradualmente. Durante algum tempo, os economistas acreditaram que a parte do trabalho era mais ou menos constante, mas as investigações mostram que o desenvolvimento económico é acompanhado por um aumento da parte do trabalho.

Distribuição funcional

A teoria da distribuição funcional, que tenta explicar os preços da terra, do trabalho e do capital, é um tema comum em economia. Considera a procura de terra, trabalho e capital como uma procura derivada, decorrente da procura de bens finais. Por detrás disto está a ideia de que um empresário exige factores de produção de terra, trabalho e capital porque precisa deles para a produção dos bens que vende. A teoria da distribuição está assim relacionada com a teoria da produção, um dos temas mais desenvolvidos da economia. O raciocínio que sintetiza a teoria da produção e da distribuição é designado por teoria neoclássica.

CAPÍTULO 3

3.1 PRINCÍPIOS DE GESTÃO AGRÍCOLA

3.2 SIGNIFICADO E ÂMBITO DA GESTÃO AGRÍCOLA

A gestão agrícola: como arte, porque exige basicamente conhecimentos físicos e mentais, o seu estudo envolve, por conseguinte, um exame cuidadoso do processo de pensamento, das teorias e práticas das competências que os agricultores utilizam na execução das suas muitas tarefas, e a gestão agrícola como ciência envolve a definição de objectivos de investigação, o desenvolvimento de um método de recolha e comparação de dados e a análise desses dados, de modo a encontrar uma solução para o problema atual.

Âmbito da gestão agrícola

O âmbito da gestão agrícola é tão vasto como o da economia agrícola. Inclui: produção, distribuição, consumo e troca de produtos agrícolas.

A gestão agrícola faz parte da microeconomia. Concentra-se no estudo da exploração agrícola individual; por conseguinte, faz parte da microeconomia. A gestão das explorações agrícolas abrange aspectos como a eficiência das culturas, o tipo de culturas a cultivar, as doses de fertilizantes a administrar, as alfaias a utilizar, etc.

i. **Investigação:** É necessário estudar os problemas económicos enfrentados pelos agricultores. Os dados devem ser registados. Na gestão agrícola, estudamos os problemas dos agricultores de forma crítica e damos-lhes uma solução. Na investigação, abordamos os seguintes pontos.

- Co-eficiência de entrada-saída
- Economia comparada de várias empresas
- Formulação de um plano agrícola padrão, padrão de cultivo ótimo para diferentes áreas e tipos de agricultura.
- Desenvolver modelos adequados de mecanização e modernização.
- Avaliaçao dos preços de abril.

ii. **Ensino:** A gestão agrícola é uma disciplina jovem. Quase em todas as universidades agrícolas, esta disciplina é leccionada a nível de licenciatura como disciplina obrigatória. Esta disciplina também é leccionada a nível de mestrado e doutoramento.

iii. **Extensão:** Os resultados da gestão agrícola devem ser conhecidos pelos agricultores. Eles devem ser treinados através de demonstrações, Shetkari Melava. É necessário realizar cursos curtos de gestão agrícola para agricultores progressistas em vários tipos de empresas agrícolas.

Assim, a investigação, o ensino e a extensão contribuem para melhorar o rendimento agrícola e, em última análise, o nível de vida dos agricultores.

3.3 CARACTERÍSTICAS DE UM BOM GESTOR AGRÍCOLA

1. Ele deve ser um indivíduo bem orientado
2. Deve possuir um espírito inquiridor
3. deve possuir um sentido de observação apurado
4. Deve ter uma capacidade analítica
5. Deve ser capaz de tomar iniciativas
6. ele Deve ser capaz de assumir riscos
7. Ele deve ser um bom líder

8. Deve ser capaz de motivar os trabalhadores
9. Deve ser um bom comunicador

3.4 FASES DA ABORDAGEM DE RESOLUÇÃO DE PROBLEMAS

1. Identificação do problema
2. Definição do problema
3. Recolha de informações
4. Analisar os dados
5. Avaliação de soluções alternativas
6. Escolher a melhor alternativa
7. Implementação da abordagem escolhida
8. Assumir a responsabilidade

3.5 FUNÇÕES DE GESTÃO

i. **Planeamento**: Refere-se ao estabelecimento dos objectivos organizacionais e à estratégia para os alcançar. A definição de objectivos, bem como a conceção de uma estratégia viável para atingir os objectivos, são atributos importantes de uma boa gestão.

ii. **Organização**: Uma vez definidos os objectivos e a estratégia, a função de organização faz
as coisas correm como planeado.

iii. **Direção**: A gestão dirige as operações da exploração agrícola para atingir os objectivos desejados
através da motivação. A direção procura obter um nível mais elevado de produção dos trabalhadores através da motivação e de uma orientação adequada, mantendo um nível mais elevado de cooperação.

iv. **Controlo**: A função de controlo trata da supervisão da realização dos objectivos e compara os resultados reais com os previstos nos planos e o desempenho real nos períodos anteriores. Os resultados são diretamente examinados e relacionados com os planos e padrões de desempenho estabelecidos por outras funções de gestão.

3.6 REGISTOS AGRÍCOLAS

Registos agrícolas: são declarações de factos ou dados relativos a um assunto específico que podem ser especificados em termos físicos, monetários, matemáticos ou estatísticos. Pode tratar-se de registos de produção vegetal, de produção avícola e de produção de ruminantes, que mostrem todas as actividades realizadas desde o início até ao fim previsto.

3.7 PORQUE É QUE UM AGRICULTOR DEVE MANTER UM REGISTO AGRÍCOLA?

1) É importante para ele saber quanto vale a sua exploração agrícola em qualquer altura e quanto é que a empresa ganhou durante um determinado período de tempo.

2) Os registos agrícolas são exigidos por certas agências governamentais para o estabelecimento de esquemas de desenvolvimento, por exemplo, o ADP e o RBDA exigem registos agrícolas para o planeamento.

3) A ficha de exploração agrícola ajuda a controlar as despesas da família, pois todos os recursos de que a família dispõe são consumidos, poupados ou investidos, bastando dizer que tudo o que é poupado acaba por ser afetado ao consumo ou ao investimento.

4) O registo agrícola ajuda no processo de investigação. A investigação nos países menos desenvolvidos consome tempo e energia porque a maioria dos agricultores são analfabetos e, por isso, não mantêm registos.

5) A informação da extensão baseia-se em resultados de investigação que são determinados

a partir de registos agrícolas.

3.8 MÉTODO DE PLANEAMENTO AGRÍCOLA:

Esta secção descreve as várias técnicas analíticas que podem ser utilizadas por um agricultor/gestor de empresa para analisar o futuro de uma empresa produtora e os possíveis ajustamentos que podem ser feitos conforme as necessidades da empresa. Exemplos destas técnicas incluem a orçamentação agrícola, o rendimento líquido da exploração, a análise da margem bruta, etc.

3.9 ORÇAMENTO AGRÍCOLA

Orçamentação agrícola: A orçamentação agrícola é um plano físico em papel relativo a um determinado assunto como guia das operações agrícolas, que pode ser especificado utilizando quadros, gráficos, estatísticas, etc. Utilizando esta técnica, todos os custos de produção e receitas brutas podem ser estimados para determinar o futuro da empresa.

Vantagens da orçamentação agrícola

1) Ajuda o gestor agrícola a selecionar adequadamente os factores de produção.

2) A orçamentação ajuda a testar e comparar os recursos das explorações agrícolas e outros recursos utilizados.

3) Os bancos Must privilegiam os clientes que planeiam as suas operações. Uma boa orçamentação mostra
que será possível utilizar melhor as finanças.

4) A orçamentação ajuda a determinar quando se deve pedir dinheiro emprestado, quanto se deve pedir emprestado e também a definir o calendário de reembolso.

5) A orçamentação permite poupar dinheiro porque é mais barato e melhor cometer erros no papel do que na prática.

3.10ANÁLISE DA MARGEM BRUTA

Análise da margem bruta: A análise da margem bruta é determinada da seguinte forma:

GM = GR - TV em que GR = receita bruta, TV = custo variável total

GR = Produção total X Preço unitário

Depois

O rendimento líquido da exploração (IFI) é determinado da seguinte forma:

GR - (TV + TF)

GR = receita bruta, TV = custo variável total, TF = custo fixo total

3.11RENDIMENTO LÍQUIDO DA EXPLORAÇÃO

Rendimento líquido da exploração: Trata-se de uma outra técnica de análise em que são considerados tanto os custos fixos como os custos variáveis. Pode ser determinado subtraindo os custos totais à receita bruta da empresa produtora. NFI = GR - (TVC + TFC)

Onde

IFN = Rendimento líquido da exploração

TVC = Custo variável total

TFC = Custo Fixo Total

Outros conceitos relacionados incluem:

i. **Activos**: Um ativo refere-se a qualquer coisa de valor pertencente à empresa em causa. Os activos são
classificados com base na categoria no que respeita à liquidez.

ii. **Responsabilidade**: A responsabilidade é uma reivindicação legítima que pode ser feita contra a empresa em causa. Podem ser classificadas em função do momento em que devem ser pagas.

iii. **Demonstração do resultado líquido**: É o excedente resultante das operações do negócio que pode ser retirado sem reduzir o futuro do negócio/sem parar o negócio.

iv. **Balanço de rede**: é um conceito de stock, porque é aplicado no tempo. Mostra o valor dos activos que restam para a empresa se esta for liquidada, bem como os créditos externos recebidos. Refere-se ao passivo residual e ao capital próprio em função do lucro ou da perda do tempo.

NWS = Total do ativo - Total do passivo

3.12AFECTAÇÃO DE RECURSOS NAS EXPLORAÇÕES AGRÍCOLAS:

3.13O QUE É A AFECTAÇÃO DE RECURSOS?

A afetação de recursos é o processo de identificação de todos os recursos disponíveis - quer se trate de mão de obra ou de dinheiro - para um projeto e, em seguida, atribui-los estrategicamente a tarefas que lhes permitam fazer o seu melhor trabalho.

Para as agências que fazem malabarismos com vários projectos para diferentes clientes, a atribuição de recursos é fundamental para dar sentido ao caos criativo. Combinar a pessoa certa, ou o recurso certo, com o projeto certo faz com que todos fiquem mais felizes no final. A sua equipa pode trabalhar nos projectos para os quais está mais apta, pelo que é provável que os clientes recebam resultados e prestações de alta qualidade.

À medida que os projectos evoluem e as expectativas dos clientes se alteram, os recursos são reafectados para manter o progresso de acordo com os prazos do projeto.

3.14O QUE É QUE CONTA COMO RECURSOS?

Os seus recursos são todos os activos da empresa necessários para concluir tarefas ou projectos. Estes podem incluir:

- Pessoas individuais
- Equipas ou departamentos
- Orçamento
- Tempo
- Hardware e software
- Imobiliário
- Processos
- Propriedade intelectual
- Técnicas e competências

3.15QUEM É RESPONSÁVEL PELA AFECTAÇÃO DOS RECURSOS?

Normalmente, **os gestores de projectos** são responsáveis pela afetação de recursos porque têm mais visibilidade e controlo sobre os orçamentos dos projectos, o âmbito do trabalho e a gestão de tarefas. No entanto, as grandes organizações podem separar estas responsabilidades em várias funções ou ter departamentos dedicados à gestão de recursos.

3.16AS VANTAGENS DE UMA AFECTAÇÃO EFICAZ DOS RECURSOS

Não afetar bem os seus recursos é como enviar apenas uma pessoa para ir buscar dez pizzas sozinha enquanto as outras 15 pessoas conversam em casa. Uma pessoa vai precisar de muito mais esforço e tempo para ir buscar essas pizzas, o que corre o risco de todos ficarem a comer pepperoni frio. Que chatice!

Porque não enviar três pessoas para ajudar, para que todos possam saborear uma fatia quente o mais rapidamente possível? A atribuição de recursos permite-lhe utilizar **todo o potencial** da sua mão de obra, dinheiro e activos, para que os clientes possam receber um trabalho de alta qualidade. Ao mesmo tempo, a sua agência minimiza o desgaste da equipa ao distribuir o trabalho de forma uniforme.

Outros benefícios da afetação de recursos incluem:

- **Maximiza a eficiência.** A afetação de recursos ajuda a agência a assumir tantos projectos quanto as suas equipas conseguirem suportar - sem mais oportunidades perdidas devido a excesso de pessoal, ou falhas de projectos devido a falta de pessoal
- **Promove a colaboração.** O cliente e a sua equipa sabem quem está a trabalhar em quê porque dividiu claramente as tarefas e as responsabilidades pela equipa
- **Aumenta as margens de lucro da sua agência.** Aproveite ao máximo o orçamento de cada projeto e controle os custos de pessoal
- **Aumenta a satisfação do cliente.** Obtenha melhores resultados para os projectos, mantendo-os no caminho certo e atribuindo as pessoas certas a cada trabalho

3.17COMO GERIR OS RECURSOS E DEFINIR AS EXPECTATIVAS DOS CLIENTES

Uma vez que a afetação de recursos faz o balanço dos recursos disponíveis para um projeto num determinado momento, trata-se de um plano a curto prazo, mas com efeitos a longo prazo. É uma ferramenta essencial para o planeamento da capacidade e para a gestão das expectativas dos clientes. Com uma afetação de recursos eficaz, o seu projeto tem tudo e todos os elementos necessários para ser bem sucedido, incluindo os recursos certos e um calendário realista.

Definir o âmbito do projeto

O primeiro passo na gestão de projectos é definir o âmbito do seu projeto. Sem compreender o âmbito do projeto, é impossível tomar decisões sobre a afetação de recursos!

Como parte do âmbito do projeto, é necessário definir o seguinte:

- A declaração de trabalho: que tarefas são necessárias versus que trabalho está fora do âmbito
- Restrições do projeto, como o orçamento e os prazos
- Calendário e cronologia do projeto com etapas
- Produtos ou resultados do projeto

O âmbito do projeto ajuda-o a planear e a compreender um novo projeto a um nível elevado. Utilize esta informação para:

- Planear o número de recursos necessários para concluir o projeto dentro do prazo previsto
- Dividir o projeto em tarefas mais pequenas
- Decida como vai atribuir essas tarefas aos membros da sua equipa

Faça um balanço dos seus recursos

Antes de escolher os ingredientes para a sua pizza, tem de saber quais os ingredientes disponíveis - e quais as preferências de cada um. Da mesma forma, para selecionar os melhores recursos para um trabalho, é preciso primeiro perceber o que cada pessoa faz melhor e que tipo de trabalho prefere fazer.

Ao planear um projeto, deve conhecer a **capacidade** da sua equipa e a **qualidade** dos recursos que tem à sua disposição. Desta forma, pode afetar esses recursos onde eles serão mais eficazes.

Nunca afetar demasiado os recursos. Uma afetação excessiva pode levar ao esgotamento e à diminuição da produtividade. O sucesso do seu projeto nunca vale a pena sacrificar a felicidade e a utilidade da sua equipa.

Consulte os calendários e os horários quando afetar os seus recursos e ajuste os prazos em conformidade para acomodar a disponibilidade dos recursos. Optimize a utilização dos recursos para que os seus projectos tenham sempre aquilo de que necessita.

Atribuir diretamente tarefas aos membros da equipa para uma visibilidade total

Depois de saber o que a sua equipa de projeto pode alcançar, o passo seguinte é delegar as tarefas certas a cada pessoa com base nas suas competências e disponibilidade.

Prepare a sua equipa para o sucesso! Forneça o máximo de informação possível para garantir que todos compreendem o que se espera deles. Esclareça todos os detalhes necessários para cada tarefa - as responsabilidades, os resultados esperados e as datas de vencimento.

No Click-Up, é fácil cortar a pizza de um projeto em fatias mais pequenas com tarefas, subtarefas e listas de verificação. Pode então atribuir rapidamente cada item de ação aos membros da sua equipa com apenas alguns cliques!

3.18 COMO DETERMINAR O RENDIMENTO LÍQUIDO DA EXPLORAÇÃO DE UMA EMPRESA PRODUTORA

Inventário inicial N		**Inventário de encerramento N**	
Ovinos	2440	Ovinos	2000
Galinha	250	Galinha	650
Pato	150	Pato	160
Grãos	340	Grãos	300
Fertilizante	500	Fertilizante	400
Cabras	2120	Cabras	2160
	N5800		**N5670**

Custo variável		**Vendas**	
Sementes	500	Sementes	4440
Fertilizante	1500	Galinha	450
Mão de obra contratada	2000	Ovos	2000
Feeds	1200	Algodão	6000
		G/Nut	3000
		Sorgo	4000
	5200		**19890**

Fixo N		**Produto de consumo doméstico**	
Impostos	100		
Pessoal permanente	3000	Sorgo	6000
Reparações no edifício	500	Legumes	500
Juros da dívida.	600	Milho	4200
	N4200		**10,700**

Custo total	**Rendimento bruto**
5800	5670
5200	19890
4200	10,700
15,200	**36,260**

NFI =GI - TC

36,260 - 15,200

NFI = Rendimento não agrícola

GI = Rendimento bruto

CT = custo total

= N21060

3.19RISCO E INCERTEZA NA PRODUÇÃO AGRÍCOLA

Risco: O risco é um fenómeno que distrai/assusta o agricultor/gestor da empresa, geralmente acompanhado de um resultado agradável ou desagradável no processo de produção de um produto.

Incerteza: A incerteza envolve o conhecimento imperfeito de uma empresa produtora no processo de produção. A imperfeição poderia ser a quantidade de produção que poderia ser obtida, qual seria o preço do produto, o que é suscetível de afetar a empresa, por exemplo, escassez de chuvas, ataque de doenças e pragas, etc.

3.20COMO GERIR O RISCO

1) **Risco técnico e de produção**: os agricultores não têm a certeza da produção que obterão no final da sua produção. E os agricultores não têm a certeza de uma nova tecnologia que possam vir a experimentar nas suas explorações.

Os agricultores devem selecionar a empresa adequada e diversificar as combinações de empresas nas suas explorações.

2) **Risco de comercialização e de preço**: os agricultores não têm a certeza da evolução provável dos preços dos seus produtos no final da sua produção. Os agricultores devem repartir as suas vendas por diferentes períodos, a fim de obterem bons preços para os seus produtos.

3) **Risco legal**: os agricultores convivem com outras pessoas nas comunidades e ignoram as regras e regulamentos de muitas coisas que os rodeiam. Os agricultores e as comunidades devem ser informados sobre as regras e os regulamentos que regem as actividades agrícolas e as relações com os outros.

4) **Risco pessoal**: por vezes, os agricultores podem ficar feridos, o que pode afetar a produção agrícola. Os agricultores devem ter cuidado com a utilização de máquinas agrícolas e outros utensílios.

5) **Risco financeiro**: por vezes, os agricultores contraem empréstimos e podem não ser capazes de pagar o capital e os juros. Os agricultores devem sempre garantir a utilização adequada de qualquer capital utilizado na produção.

CAPÍTULO 4

4.1 COMERCIALIZAÇÃO AGRÍCOLA

Comercialização agrícola: A comercialização agrícola é o estudo de todas as actividades, agências e políticas envolvidas na aquisição de factores de produção agrícola pelos agricultores e na transferência dos produtos agrícolas das explorações para os consumidores. O sistema de comercialização agrícola funciona como um canal entre os sectores agrícola e não agrícola.

4.2 ÂMBITO DA COMERCIALIZAÇÃO AGRÍCOLA

A comercialização agrícola, no seu sentido mais lato, refere-se à venda de produtos agrícolas gerados pelos agricultores, bem como de factores de produção agrícola utilizados no fabrico desses produtos agrícolas. Por conseguinte, o termo "comercialização agrícola" engloba tanto a comercialização de produtos como a de factores de produção.

O tema do escoamento da produção remonta aos primórdios da civilização. Com o aumento dos excedentes comercializáveis das culturas na sequência do progresso tecnológico, o papel do escoamento da produção tornou-se mais evidente nos últimos anos. Os agricultores produzem produtos para venda no mercado. A agricultura torna-se mais orientada para o mercado. A comercialização dos factores de produção é um domínio de estudo relativamente recente. No passado, os agricultores utilizavam factores de produção do sector agrícola, como sementes locais e estrume. Estes factores de produção estavam facilmente disponíveis; as compras de factores de produção para a produção agrícola no mercado eram mínimas. Nos últimos anos, os insumos agrícolas, tais como sementes melhoradas, fertilizantes, insecticidas e pesticidas, máquinas agrícolas, alfaias e financiamento, têm sido cada vez mais importantes na produção de produtos agrícolas. A nova tecnologia agrícola responde aos factores de produção. A comercialização de produtos e factores de produção deve ser incluída no âmbito da comercialização agrícola. O tema da comercialização agrícola é abordado neste livro, tanto a nível teórico como prático. Descreve o sistema, como funciona e como a abordagem ou os procedimentos propostos podem ser ajustados para obter os melhores resultados.

As funções de comercialização, as agências, os canais, a eficiência e os custos, a dispersão dos preços e a integração do mercado, o excedente do produtor, a política e a investigação governamentais, a formação e as estatísticas sobre a comercialização agrícola estão todos incluídos no tema da comercialização agrícola.

4.3 A IMPORTÂNCIA DA COMERCIALIZAÇÃO AGRÍCOLA

A comercialização agrícola é importante não só para aumentar a produtividade e o consumo, mas também para acelerar o crescimento económico. As suas funções dinâmicas desempenham um papel fundamental na promoção do crescimento económico. Por isso, foi apelidada de "o mais poderoso multiplicador do desenvolvimento agrícola".

A importância da comercialização agrícola no desenvolvimento económico é discutida nos parágrafos seguintes:

Otimização da utilização de recursos e gestão da produção

Um sistema eficaz de comercialização agrícola optimiza a utilização dos recursos e a gestão da produção. A redução das perdas causadas por uma transformação, armazenamento e transporte ineficientes e um sistema de comercialização eficiente podem também ajudar a aumentar o excedente comercializável. Uma estratégia de comercialização bem concebida pode distribuir eficazmente a oferta disponível de factores de produção modernos, permitindo que a empresa agrícola se expanda mais rapidamente.

Aumento do rendimento agrícola

Ao reduzir o número de intermediários ou ao limitar a comissão sobre os serviços de comercialização e as práticas incorrectas que utilizam na comercialização dos produtos agrícolas, um sistema de comercialização eficaz assegura melhores níveis de rendimento para os agricultores. Um sistema eficaz garante que os agricultores obtêm preços mais elevados pelos seus produtos agrícolas e incentiva-os a investir os seus excedentes em factores de produção modernos para aumentar a produtividade e a produção. Isto resulta num aumento do excedente comercializado e do rendimento dos agricultores. Não há motivação para um produtor produzir mais se não tiver um mercado facilmente acessível onde possa vender os seus excedentes. Por conseguinte, é fundamental oferecer incentivos suficientes para aumentar a produção, o que só pode ser conseguido através da racionalização do sistema de comercialização.

Alargamento dos mercados

Um sistema de comercialização bem coordenado alarga o mercado dos produtos, levando-os a zonas periféricas, tanto dentro como fora do país, ou seja, a locais distantes do ponto de produção. A expansão do mercado ajuda a manter um aumento constante da procura, garantindo um maior rendimento para o produtor.

Crescimento das indústrias de base agrícola

Um sistema de comercialização agrícola melhorado e eficaz promove a expansão das empresas de base agrícola, estimulando simultaneamente o desenvolvimento geral da economia. A agricultura é uma importante fonte de matérias-primas para muitas indústrias.

Sinais de preços

Os agricultores podem planear a sua produção de acordo com as necessidades da economia com o apoio de uma estratégia de comercialização eficiente. Os sinais de preços são utilizados para efetuar este trabalho.

Adoção e difusão de novas tecnologias

Os agricultores beneficiam do sistema de comercialização porque este facilita a adoção de novas informações científicas e técnicas. As novas tecnologias requerem maiores investimentos e os agricultores só o farão se tiverem a certeza de que existe um mercado.

Emprego

O sistema de comercialização emprega milhões de pessoas numa variedade de operações, como a embalagem, o transporte, o armazenamento e a transformação. O sistema de comercialização emprega pessoas como comissionistas, corretores, comerciantes, retalhistas, pesadores, hamals, embaladores e funcionários reguladores. Para além disso, há uma série de indivíduos que trabalham no sistema de comercialização, fornecendo bens e serviços.

Para além do Rendimento Nacional

As operações de marketing aumentam o produto nacional bruto e o produto nacional líquido do país, acrescentando valor ao produto.

Viver melhor

O sistema de comercialização é fundamental para o êxito dos programas de desenvolvimento destinados a melhorar a vida de toda a população. Qualquer plano de desenvolvimento económico que vise reduzir a pobreza agrícola, baixar os preços dos alimentos no consumidor, aumentar as receitas em divisas ou minimizar o desperdício económico deve, por conseguinte, prestar especial atenção ao desenvolvimento de uma comercialização alimentar e agrícola eficaz.

4.4 TIPOS DE MERCADOS

Monopólio: - O monopólio é uma situação em que existe um único vendedor e muitos compradores no mercado. Nestas condições, o vendedor detém um monopólio sem concorrência de outros e tem um controlo total sobre os produtos e serviços.
Num mercado monopolista, o vendedor decide o preço do produto ou serviço e pode alterá-lo por si próprio.
Monopsónio: - Uma forma de mercado em que existem muitos vendedores mas um único comprador é designada por monopsónio. Neste tipo de situação, uma vez que existe um único comprador contra muitos vendedores, o comprador pode exercer o seu controlo sobre os vendedores. O comprador tem, assim, uma vantagem sobre os vendedores.
Mercados físicos - O mercado físico é um local onde os compradores podem encontrar-se fisicamente com os vendedores e comprar-lhes a mercadoria desejada em troca de dinheiro. Os centros comerciais, os grandes armazéns e as lojas de retalho são exemplos de mercados físicos.
Mercados não físicos/mercados virtuais - Nestes mercados, os compradores adquirem bens e serviços através da Internet. Neste tipo de mercado, os compradores e os vendedores não se encontram nem interagem fisicamente, mas a transação é feita através da Internet. Exemplos - Rediff shopping, eBay, etc.
Mercado de leilões - Num mercado de leilões, o vendedor vende os seus bens a quem fizer a oferta mais elevada. Mercado de bens intermédios - Estes mercados vendem matérias-primas (bens) necessárias para a produção final de outros bens.
Mercado negro - Um mercado negro é um local onde são vendidos bens ilegais, como drogas e armas. Mercado do conhecimento - O mercado do conhecimento é uma estrutura que lida com a troca de informações e produtos baseados no conhecimento.
Mercado financeiro - O mercado que lida com a troca de activos líquidos (dinheiro) é designado por mercado financeiro.
Os mercados financeiros são dos seguintes tipos:
Mercado de acções - Um tipo de mercado em que vendedores e compradores trocam acções é designado por mercado de acções.
Mercado obrigacionista - Um mercado onde compradores e vendedores trocam títulos de dívida, geralmente sob a forma de obrigações, é designado por mercado obrigacionista. Uma obrigação é um contrato assinado por ambas as partes em que uma delas promete devolver dinheiro com juros a intervalos fixos.
Mercado de divisas - Neste tipo de mercado, as partes estão envolvidas na transação de divisas. Num mercado cambial (também designado por mercado de divisas), uma parte troca a moeda de um país por uma quantidade equivalente de outra moeda.
Mercados preditivos - O mercado preditivo é um mercado onde a troca de bens ou serviços é efectuada para o futuro. O comprador beneficia quando o mercado sobe e fica a perder quando o mercado cai. Tamanho do mercado
A dimensão do mercado é diretamente proporcional a dois factores:

- Número de vendedores e compradores
- Total de dinheiro envolvido anualmente

Eis os quatro principais tipos de estruturas de mercado:

1. **Concorrência perfeita:** Uma estrutura de mercado de concorrência perfeita contém muitas empresas. Embora os economistas não definam exatamente quantas empresas são necessárias, é o suficiente para que cada empresa tenha pouca influência no mercado. Existe

muita concorrência nesta estrutura de mercado porque existem poucas barreiras à entrada. As empresas podem facilmente entrar no sector devido aos baixos custos de arranque e à grande disponibilidade de recursos.

Neste mercado, todas as empresas vendem o mesmo produto aproximadamente ao mesmo preço, sendo as flutuações de preços muito raras. Uma empresa pode tentar aumentar o seu preço, mas é pouco provável que um cliente o compre porque pode comprar o mesmo produto a um concorrente a um preço mais baixo.

Se uma empresa tentar baixar o seu preço para atrair os clientes, pode não obter lucros suficientes. Note-se que é raro ver esta estrutura de mercado porque a maioria das indústrias tem mais barreiras à entrada ou variações de produtos que permitem às empresas controlar os preços.

2. **Concorrência monopolística:** Uma estrutura de mercado de concorrência monopolística apresenta muitos vendedores, o que significa que é fácil entrar no sector. Combinando aspectos de um monopólio e de um mercado competitivo, as empresas numa estrutura monopolista podem vender produtos semelhantes, mas com ligeiras diferenças. Isto permite-lhes ter um pequeno poder de mercado com base na forma como diferenciam os produtos.

Por exemplo, uma empresa pode notar que os utilizadores pagam um pouco mais por um produto com algumas caraterísticas únicas. Para satisfazer a procura e aumentar os lucros, a empresa aumenta o preço deste produto único. Se o preço for demasiado elevado ou se os consumidores decidirem que querem um produto mais barato, procuram um substituto. A concorrência monopolística permite-lhes encontrar uma alternativa adequada a um preço mais baixo.

3. **Oligopólio:** Uma estrutura de mercado oligopolista contém alguns grandes vendedores que vendem a muitos consumidores. É difícil entrar no sector devido a factores como os elevados custos de arranque e as patentes, mas é mais fácil entrar num oligopólio do que num monopólio.

As empresas podem vender produtos idênticos, como na concorrência perfeita, ou produtos diferenciados, como na concorrência monopolística. A principal diferença é que cada empresa tem poder de mercado suficiente para que as suas acções afectem os seus concorrentes. Por exemplo, quando uma empresa baixa os seus preços, as empresas que pretendem manter-se competitivas podem também baixar os seus preços.

As empresas de um oligopólio colaboram entre si porque reconhecem que trabalhar em conjunto é mais vantajoso do que competir entre si. Por exemplo, as empresas podem tentar baixar os seus preços para atrair os consumidores, mas baixá-los demasiado pode afetar os seus lucros.

Se concordarem em estabelecer preços coerentes, as empresas podem manter os seus preços suficientemente elevados, atraindo o mesmo número de clientes. Os governos permitem oligopólios em certos sectores, mas impõem regulamentos rigorosos para proteger os consumidores de preços elevados.

4. **Monopólio:** Numa estrutura de mercado monopolista, existe apenas uma empresa que serve um grande mercado. A falta de concorrência deve-se frequentemente a barreiras à entrada, como custos de arranque elevados, recursos limitados e patentes.

Uma única empresa vende um produto que é único e não está disponível em mais lado nenhum, o que significa que os consumidores têm de comprar à empresa se quiserem esse produto. Se a empresa fixa um preço que os consumidores pagam, tem um grande controlo sobre o preço de mercado.

Em muitos casos, os monopólios são ilegais porque podem permitir que uma empresa tire partido dos clientes cobrando mais como único fornecedor do produto. No entanto, os governos podem incentivar os monopólios em determinados sectores.

Por exemplo, podem permitir que uma única empresa domine um sector se operar de uma forma que beneficie a sociedade. Para regular os monopólios, um governo recorre frequentemente a leis antitrust que impedem práticas pouco éticas como a repartição do mercado e a fixação de preços.

4.5 SITUAÇÃO E ESTRUTURA DO MERCADO

Situação do mercado

A secção Situação do mercado do seu plano inclui pesquisa e análise do seu mercado-alvo, concorrentes, desafios comerciais e diferenciais competitivos da sua empresa. Deve conter a sua melhor e mais clara descrição do estado atual do mercado.

Estrutura do mercado

O que é a estrutura de mercado? A estrutura de mercado, em economia, refere-se à forma como as diferentes indústrias são classificadas e diferenciadas com base no seu grau e natureza de concorrência por bens e serviços. Baseia-se nas caraterísticas que influenciam o comportamento e os resultados das empresas que trabalham num mercado específico.

4.6 INSTITUIÇÕES DE MERCADO

Instituição de mercado: Qualquer entidade que opere ou forneça infra-estruturas de mercado para a negociação, registo ou compensação de transacções em instrumentos financeiros;

Exemplo de instituições de marketing

Vejamos quais são as instituições básicas da economia de mercado. Para facilitar a discussão, podemos subdividi-las em (1) propriedade privada, (2) mercados livres, (3) concorrência, (4) divisão e combinação do trabalho, e (5) cooperação social. Como veremos, não se trata de instituições separadas. São mutuamente dependentes: cada uma implica a outra e torna-a possível.

Imóveis

Comecemos pela propriedade privada. Não se trata de uma instituição recente nem arbitrária, como querem fazer crer alguns escritores socialistas. As suas raízes são tão antigas como a própria história da humanidade. Todas as crianças revelam um sentido de propriedade relativamente aos seus próprios brinquedos. Os cientistas estão apenas a começar a aperceber-

se da espantosa extensão em que algum sentido ou sistema de direitos de propriedade ou direitos territoriais prevalece mesmo no mundo animal.
A questão que nos preocupa aqui, no entanto, não é a antiguidade da instituição, mas a sua utilidade. Quando os direitos de propriedade de um homem são protegidos, isso significa que ele é capaz de reter e desfrutar em paz os frutos do seu trabalho. Esta segurança é o seu principal incentivo, se não o único, para trabalhar. Se alguém fosse livre de se apoderar do que o agricultor semeou, cultivou e criou, o agricultor deixaria de ter qualquer incentivo para o semear ou criar. Se alguém fosse livre de confiscar a sua casa depois de a ter construído, não a construiria.
Toda a produção, toda a civilização, assenta no reconhecimento e no respeito pelos direitos de propriedade. Um sistema de livre iniciativa é impossível sem a segurança da propriedade e a segurança da vida. A livre iniciativa só é possível dentro de um quadro de lei, ordem e moralidade. Isto significa que a livre empresa pressupõe a moralidade; mas, como veremos mais tarde, também ajuda a preservá-la e a promovê-la.

Troca livre

A segunda instituição básica de uma economia capitalista é o mercado livre. O mercado livre significa a liberdade de cada um dispor da sua propriedade, de a trocar por outra propriedade ou por dinheiro, ou de a empregar na produção, nas condições que considerar aceitáveis. Esta liberdade é, naturalmente, um corolário da propriedade privada. A propriedade privada implica necessariamente o direito de utilização para consumo ou para posterior produção, e o direito de livre disposição ou troca.
É importante insistir no facto de a propriedade privada e o mercado livre não serem instituições separáveis. Alguns socialistas, por exemplo, pensam que podem duplicar as funções e eficiências do mercado livre imitando o mercado livre num sistema socialista - isto é, num sistema em que os meios de produção estão nas mãos do Estado.
Esta opinião baseia-se numa mera confusão de pensamento. Se eu sou um comissário do governo a vender algo que na verdade não possuo, e tu és outro comissário a comprá-lo com dinheiro que na verdade não é teu, então nenhum de nós se importa realmente com o preço. Quando, como num país socialista ou comunista, os chefes das minas e das fábricas, das lojas e das quintas colectivas, são meros burocratas governamentais assalariados, que compram géneros alimentícios ou matérias-primas a outros burocratas e vendem os seus produtos acabados a outros burocratas ainda, os chamados preços a que compram e vendem são meras ficções contabilísticas. Esses burocratas estão apenas a jogar um jogo artificial chamado "mercado livre". Eles não podem fazer um sistema socialista funcionar como um sistema de livre-empresa meramente imitando a caraterística do chamado livre-mercado enquanto ignoram a propriedade privada.
Esta imitação de um sistema de preços livres existe, de facto, na Rússia Soviética e em praticamente todos os outros países socialistas ou comunistas. Mas na medida em que esta economia de mercado simulada funciona - isto é, na medida em que ajuda uma economia socialista a funcionar de todo - fá-lo porque os seus gestores burocráticos observam atentamente o preço das mercadorias que estão a ser vendidas nos mercados mundiais livres, e fixam artificialmente o preço das suas próprias mercadorias em conformidade. Sempre que acham difícil ou impossível fazer isto, ou se esquecem de o fazer, os seus planos começam a correr mais seriamente mal. O próprio Estaline repreendeu uma vez os gestores da economia soviética porque alguns dos seus preços artificialmente fixados estavam desalinhados com os do mercado mundial livre.

Concorrência

A discussão anterior já implica a terceira instituição integrante do sistema capitalista - a concorrência. Num sistema de empresas privadas, cada concorrente tem de cumprir o preço de mercado. Para sobreviver, tem de manter os seus custos de produção unitários abaixo desse preço de mercado. Quanto mais ele conseguir manter os seus custos abaixo do preço de mercado, maior será a sua margem de lucro. Quanto maior for a sua margem de lucro, maior será a sua capacidade de expandir a sua atividade e a sua produção. Se for confrontado com perdas durante mais do que um curto período de tempo, não poderá sobreviver. O efeito da concorrência é, portanto, retirar constantemente a produção das mãos dos gestores menos competentes e colocá-la cada vez mais nas mãos dos gestores mais eficientes. Dito de outra forma, a livre concorrência promove constantemente métodos de produção cada vez mais eficientes: tende constantemente a reduzir os custos de produção. À medida que os produtores com custos mais baixos aumentam a sua produção, provocam uma redução dos preços e obrigam os produtores com custos mais elevados a vender o seu produto a um preço mais baixo e, em última análise, a reduzir os seus custos ou a transferir as suas actividades para outras linhas.

Mas a concorrência capitalista ou de mercado livre raramente é apenas uma concorrência para baixar o custo de produção de um produto homogéneo. É quase sempre concorrência na melhoria de um produto específico. E, no último século, tem sido a concorrência na introdução e aperfeiçoamento de produtos ou meios de produção inteiramente novos - o caminho de ferro, o dínamo, a luz eléctrica, o automóvel, o avião, o telégrafo, o telefone, o fonógrafo, a máquina fotográfica, o cinema, a rádio, a televisão, os frigoríficos, o ar condicionado, uma variedade interminável de plásticos, sintéticos e outros materiais novos. O efeito tem sido o de aumentar enormemente as comodidades da vida e o bem-estar material das massas.

A divisão do trabalho

Chego agora à quarta instituição que mencionei como parte do sistema capitalista - a divisão e combinação do trabalho. A necessidade e a beneficência desta foi suficientemente enfatizada pelo fundador da economia política, Adam Smith, que fez dela o tema do primeiro capítulo da sua grande obra, A Riqueza das Nações. Na própria primeira frase dessa grande obra, de facto, encontramos Adam Smith a declarar: "A maior melhoria nos poderes produtivos do trabalho, e a maior parte da habilidade, destreza e discernimento com que ele é dirigido ou aplicado em qualquer lugar, parecem ter sido os efeitos da divisão do trabalho."

Smith prossegue explicando como a divisão e a subdivisão do trabalho conduzem a uma maior destreza por parte dos trabalhadores individuais, na economia do tempo normalmente perdido na passagem de um tipo de trabalho para outro, e na invenção e aplicação de maquinaria especializada. "É a grande multiplicação das produções de todas as diferentes artes, em consequência da divisão do trabalho", conclui ele, "que ocasiona, numa sociedade bem governada, aquela opulência universal que se estende às camadas mais baixas do povo."

Quase dois séculos de estudos económicos apenas intensificaram este reconhecimento. "A divisão do trabalho se estende pela perceção de que quanto mais o trabalho é dividido, mais produtivo ele é."

"Os factos fundamentais que deram origem à cooperação, à sociedade e à civilização e transformaram o homem animal num ser humano são os factos de que o trabalho realizado sob a divisão do trabalho é mais produtivo do que o trabalho isolado e que a razão do homem é capaz de reconhecer esta verdade."

Cooperação social

Embora eu tenha colocado a divisão do trabalho à frente da cooperação social, é óbvio que elas não podem ser consideradas separadamente. Uma implica a outra. Ninguém pode especializar-se se viver sozinho e tiver de prover a todas as suas necessidades. A divisão e a combinação do trabalho já implicam a cooperação social. Implicam que cada um troque parte do produto especial do seu trabalho pelo produto especial do trabalho dos outros. Mas a divisão do trabalho, por sua vez, aumenta e intensifica a cooperação social. Como disse Adam Smith: "Os génios mais díspares são úteis uns aos outros; os diferentes produtos dos seus respectivos talentos, pela disposição geral para a camionagem, a troca e o intercâmbio, são trazidos, por assim dizer, para um stock comum, onde cada homem pode comprar qualquer parte do produto dos talentos de outros homens que lhe seja conveniente."

2.7 TEORIA DOS PREÇOS E ALGUMAS APLICAÇÕES

O que é a teoria dos preços?

A teoria do preço é uma teoria económica que afirma que o preço de um bem ou serviço específico é determinado pela relação entre a sua oferta e a sua procura num determinado momento. Os preços devem subir se a procura exceder a oferta e descer se a oferta

PRINCIPAIS CONCLUSÕES

> A teoria do preço é uma teoria económica que afirma que o preço de qualquer bem ou serviço se baseia na relação entre a sua oferta e a sua procura.

> O preço ótimo de mercado é o ponto em que o número total de artigos disponíveis pode ser razoavelmente consumido pelos potenciais clientes.

> Quando a oferta e a procura estão em sincronia, diz-se que o mercado atingiu o equilíbrio.

> A oferta também pode ser afetada por factores como a disponibilidade de matérias-primas; a procura pode flutuar em função dos produtos da concorrência, do valor percebido de um artigo ou da sua acessibilidade ao mercado de consumo.

> Compreender a teoria dos preços

> A teoria dos preços - também designada por "teoria dos preços" - é um princípio microeconómico que afirma que as forças de mercado da oferta e da procura determinarão o ponto de preço lógico para um determinado bem ou serviço num determinado momento.

Numa economia de mercado livre, os produtores querem normalmente cobrar o máximo que puderem pelos seus bens e serviços, enquanto os consumidores querem pagar o mínimo possível para os obter. As forças de mercado farão com que os dois lados se encontrem algures no meio, a um preço que os consumidores estão dispostos a pagar e que os produtores estão dispostos a aceitar.

2.8 RELAÇÃO DA OFERTA E DA PROCURA COM A TEORIA DOS PREÇOS

A oferta representa o número de produtos ou serviços que o mercado pode fornecer. Isto inclui tanto os bens tangíveis, como os automóveis, como os intangíveis, como a possibilidade de marcar uma consulta com um prestador de serviços qualificado. Em cada caso, a oferta disponível é finita por natureza. Existe apenas um determinado número de automóveis disponíveis e apenas um determinado número de marcações disponíveis num determinado momento.

A oferta pode ser afetada por forças que estão fora do controlo do produtor, como a disponibilidade de matérias-primas.

A procura aplica-se ao desejo do mercado por bens tangíveis ou intangíveis. Em qualquer altura, existe apenas um número finito de potenciais consumidores disponíveis. A procura pode variar em função de uma série de factores, tais como a existência de uma versão melhorada de um produto ou o facto de um serviço já não ser necessário. A procura também pode ser afetada pela perceção do valor de um artigo pelo mercado de consumo.

Exemplo da teoria dos preços

Muitas vezes, as empresas diferenciam as suas linhas de produtos verticalmente, em vez de horizontalmente, tendo em conta a disponibilidade diferencial dos consumidores para pagar pela qualidade. Tal como referido por Michaela Draganska da Drexel University e Dipak C. Jain do INSEAD na revista Marketing Science, muitas empresas oferecem produtos que variam em caraterísticas como a cor ou o sabor, mas que não variam em termos de qualidade. O seu estudo concluiu que a utilização de preços uniformes para todos os produtos de uma determinada linha de produtos tende a ser a melhor política de preços para os produtores.

Por exemplo, a Apple Inc. oferece vários modelos diferentes de computadores portáteis MacBook Pro, com diferentes tamanhos de ecrã, capacidades e preços. O cliente pode escolher entre duas cores: prateado e cinzento espacial.

Se a Apple cobrasse um preço mais elevado por um MacBook Pro prateado de 13 polegadas em comparação com um modelo idêntico em cinzento espacial, a procura do modelo prateado poderia diminuir e a oferta disponível do modelo prateado aumentaria. Nessa altura, a Apple poderia ser forçada a reduzir o preço desse modelo.

4.9 DETERMINAÇÃO DO PREÇO

Este relatório fornece uma descrição geral da determinação de preços nos principais mercados de produtos agrícolas dos EUA para trigo, arroz, milho, soja e algodão. Compreender os fundamentos da formação dos preços do mercado de produtos de base é fundamental para avaliar os efeitos potenciais das políticas e programas governamentais (existentes ou propostos), bem como dos acordos comerciais que podem abrir as fronteiras dos EUA a concorrentes estrangeiros. Além disso, a compreensão da interação das forças de mercado ao longo do tempo contribui para a flexibilidade na definição de políticas para fenómenos de mercado que podem ser de curto prazo. O nível geral de preços de um produto agrícola, seja num grande terminal, num porto ou numa bolsa de futuros de mercadorias, é influenciado por uma série de forças de mercado que podem alterar o equilíbrio atual ou previsto entre a oferta e a procura. Muitas destas forças emanam dos mercados nacionais de alimentos para consumo humano e animal e de utilização industrial e incluem as preferências dos consumidores e a evolução das necessidades dos utilizadores finais; factores que afectam os processos de produção (por exemplo, condições meteorológicas, custos dos factores de produção, pragas, doenças, etc.); preços relativos de culturas que podem substituir a produção ou o consumo; políticas governamentais; e factores que afectam o armazenamento e o transporte. As condições do mercado internacional também são importantes, dependendo da "abertura" do mercado interno de um país à concorrência internacional e do grau em que um país se envolve no comércio internacional. Uma caraterística distintiva dos mercados de matérias-primas dos EUA é a importância dos mercados de futuros. Ao contrário dos mercados à vista, que tratam da transferência imediata de bens, um mercado de futuros baseia-se na compra (ou venda) de contratos de mercadorias a um preço fixo para potencial entrega física numa data futura. Uma bolsa de futuros permite que os compradores e vendedores negoceiem abertamente contratos de futuros sobre mercadorias e comunica ao público quaisquer transacções de mercado.

4.10FACTORES QUE AFECTAM O PREÇO DOS PRODUTOS AGRÍCOLAS

Os factores que levam ao aumento dos preços dos produtos agrícolas incluem principalmente a tensão da relação oferta-procura, a promoção do custo de produção e do custo de circulação e a especulação do capital dos refugiados (Hot Money). Os factores que levam ao baixo preço e à dificuldade de venda dos produtos agrícolas incluem principalmente a assimetria de informação entre a oferta e a procura, a falta de instrumentos de gestão de risco para os preços dos produtos agrícolas e a operação descentralizada e em pequena escala dos agricultores. Com base nestes factores, o presente documento apresenta as seguintes contramedidas e sugestões para estabilizar os preços dos produtos agrícolas: em primeiro lugar, criar um mecanismo de longo efeito para a produção e venda de produtos agrícolas; em segundo lugar, expandir a produção e aumentar a oferta de produtos agrícolas; em terceiro lugar, controlar o aumento do custo de produção dos produtos agrícolas; em quarto lugar, melhorar o nível de organização dos agricultores; em quinto lugar, promover a inovação e o desenvolvimento de instrumentos de gestão de risco para os preços dos produtos agrícolas.

4.11 CONTROLO DE PREÇOS

O controlo dos preços como forma de controlar a inflação

1. Quando a inflação está a aumentar, as autoridades monetárias podem estabelecer um limite legal para o aumento dos preços. Em teoria, isto limitará os aumentos de preços e manterá a inflação sob controlo sem recorrer a taxas de juro mais elevadas.
2. Se os preços estiverem a aumentar devido a margens de lucro maiores (por exemplo, as empresas têm poder de monopólio), a fixação de limites aos aumentos de preços pode garantir que os preços não aumentem, sem causar uma escassez do bem.
3. Se os preços estiverem a aumentar e a oferta for inelástica, os controlos de preços não devem afetar a oferta. Por exemplo, se a oferta de habitação for fixa, o controlo das rendas pode reduzir os preços sem reduzir a oferta.
4. Em tempos de guerra e de racionamento, o controlo dos preços tem por objetivo impedir que as empresas lucrem com a escassez e manter os preços acessíveis a todos os consumidores, caso contrário, o preço de bens limitados, como os alimentos, disparará e muitos consumidores não poderão comprá-los.
5. Nos Estados Unidos, entre 1941 e 1947, o Office of Price Administration foi responsável por manter a inflação sob controlo através da limitação dos preços. Este período de controlo dos preços ajudou a reduzir a inflação em comparação com a Primeira Guerra Mundial. Houve também controlos de preços durante a administração Nixon e durante a Guerra da Coreia.
6. O controlo dos preços não tem de abranger todos os bens, mas pode centrar-se naqueles que são considerados essenciais, por exemplo, alimentos ou rendas.
7. Os controlos de preços são mais bem utilizados durante um período de tempo específico, por exemplo, quando há uma procura reprimida e escassez na cadeia de abastecimento. Por exemplo, no final de uma via ou em 2022, no final da pandemia de Covid.

4.12 AGRICULTURA NA BOLSA DE VALORES

Significado de Bolsa de Valores

O que é uma bolsa de valores? Uma bolsa de valores é uma organização que proporciona um mercado onde os investigadores podem comprar e vender acções de uma vasta gama de empresas. É um mercado onde se efectua a compra e venda de títulos.

Alguns termos utilizados na bolsa de valores

Acções: trata-se de uma unidade de ação. É uma unidade indivisível de capital que exprime a relação de propriedade entre a empresa e o titular.

4.13IMPORTÂNCIA DA BOLSA DE VALORES NA AGRICULTURA

1. Angariação de capital para empresas agrícolas: As empresas agrícolas podem angariar fundos através da oferta de acções para venda ao público em geral na bolsa de valores
2. Redistribuição da riqueza: Quando as empresas em que os agricultores investiram o seu dinheiro através da compra de acções declaram lucros, esses investidores partilham os lucros e a riqueza dessas empresas através dos preços das acções e dos dividendos
3. Governação empresarial: As empresas agrícolas que operam na bolsa de valores têm geralmente normas de gestão e registos de eficiência mais aperfeiçoados do que as empresas privadas.
4. Cria uma oportunidade de investimento para os pequenos investidores: O investimento em acções está aberto a agricultores de grande e pequena escala, porque os indivíduos compram o número de acções que podem pagar. Por conseguinte, tanto os pequenos agricultores como os agricultores comerciais investem na mesma empresa e beneficiam de alguns privilégios e taxas de rendimento.
5. Indicador do estado da economia: Os preços das acções tendem a subir ou a permanecer estáveis quando as empresas e a economia mostram sinais de estabilidade e crescimento. Uma economia em depressão com crise financeira pode levar à queda do mercado de acções. Por conseguinte, o movimento dos preços das acções pode servir de indicador do estado de uma economia nacional.

4.14O PAPEL DAS ASSOCIAÇÕES DE PRODUTOS DE BASE E DOS CIRCUITOS DE COMERCIALIZAÇÃO

As associações de produtos de base são organizações que reúnem um vasto leque de grupos de interesses relacionados com um determinado produto de base ou sector num determinado país, seja para exportação, para o mercado interno ou para ambos. Estas associações podem ter como membros agricultores individuais ou as suas associações, compradores de culturas, transformadores, distribuidores e exportadores, bem como fornecedores de serviços de apoio e, por vezes, representantes do governo. Com base numa análise da literatura e em estudos de casos de associações relevantes no Gana, Mali, Nepal, Filipinas, África do Sul, Vietname e Zimbabué, abrangendo os sectores da carne, aves de capoeira, horticultura, coco e arroz, este documento explora o papel dessas associações na melhoria do desempenho da cadeia de abastecimento. É dada especial atenção às associações interprofissionais, um conceito desenvolvido pela primeira vez em França, que conta com a participação de associações que representam cada atividade ou "profissão" da cadeia. As associações podem desempenhar um papel particularmente importante como ponto focal para o diálogo político com o governo, mas também têm muitas outras funções. Estas incluem a regulamentação, a definição ou o aconselhamento sobre graus e normas e a sua aplicação, a promoção de marcas registadas ou sinais de qualidade na indústria, o apoio à investigação, a promoção das exportações e do mercado interno, o fornecimento de informações e estatísticas, a educação e a formação e o apoio ao governo nas negociações comerciais. Representando todos os sectores de uma indústria, estas associações têm também um papel potencial na resolução de litígios. Em muitos países, a formulação de políticas é inadequada porque não existem canais claros através dos quais os governos possam abordar o sector privado. Existem também ineficiências nos sectores dos produtos de base devido à falta de comunicação entre os intervenientes na cadeia. O documento conclui que a necessidade de resolver estas deficiências, combinada com o papel positivo desempenhado por muitas das associações existentes, defende um maior desenvolvimento do conceito nos países em desenvolvimento. No entanto, os esforços de desenvolvimento devem ter em conta a necessidade de promover organizações sustentáveis.

4.15PROMOÇÃO DAS EXPORTAÇÕES NO SECTOR AGRÍCOLA

A promoção das exportações é um conjunto de actividades que permite aumentar a venda de produtos agrícolas a outros países. Também se refere ao incentivo à venda de produtos nacionais noutros países.

Vantagens da promoção das exportações

- Atrai dinheiro estrangeiro (divisas).
- Serve de mercado adicional para os agricultores obterem rendimentos.
- Incentiva os agricultores a aumentar a produção de produtos agrícolas.
- Fortalece a moeda local.
- Reduz o défice comercial.
- Reforça a colaboração com o estrangeiro.

4.16CARACTERÍSTICAS DA PRODUÇÃO AGRÍCOLA

- Os produtos agrícolas são rapidamente perecíveis.
- Estes são volumosos por natureza.
- É difícil controlar a qualidade e a quantidade da produção.
- A diferenciação dos produtos não é possível.
- A natureza desempenha um papel crucial na produção.
- Os produtos agrícolas têm uma procura inelástica.

4.17CARACTERÍSTICAS DOS PRODUTOS AGRÍCOLAS

- Os produtos agrícolas são rapidamente perecíveis.
- Estes são volumosos por natureza.
- É difícil controlar a qualidade e a quantidade da produção.
- A diferenciação dos produtos não é possível.
- A natureza desempenha um papel crucial na produção.
- Os produtos agrícolas têm uma procura inelástica.

4.18PROBLEMAS DE COMERCIALIZAÇÃO AGRÍCOLA

- Falta de competências e de recursos de marketing. ...
- Elevados níveis de concorrência. ...
- Passar a vender em linha. ...
- Questões logísticas para fazer chegar os produtos aos clientes.

4.19COMÉRCIO INTERNACIONAL

O comércio internacional é a compra e venda de bens e serviços por empresas de diferentes países. Bens de consumo, matérias-primas, alimentos e maquinaria são todos comprados e vendidos no mercado internacional.

O comércio internacional permite aos países expandir os seus mercados e aceder a bens e serviços que, de outra forma, não estariam disponíveis no mercado interno. Como resultado do comércio internacional, o mercado é mais competitivo. Isto resulta, em última análise, em preços mais competitivos e traz um produto mais barato para o consumidor.

PRINCIPAIS CONCLUSÕES

- As trocas comerciais a nível mundial dão aos consumidores e aos países a oportunidade de se exporem a bens e serviços não disponíveis nos seus próprios países ou mais caros a nível interno.

- A importância do comércio internacional foi reconhecida desde cedo por economistas políticos como Adam Smith e David Ricardo.
- No entanto, há quem defenda que o comércio internacional pode ser mau para as nações mais pequenas, colocando-as em maior desvantagem na cena mundial.

Compreender o comércio internacional

O comércio internacional foi fundamental para o surgimento da economia global. Na economia global, a oferta e a procura - e, consequentemente, os preços - têm impacto e são afectados por eventos globais.

As mudanças políticas na Ásia, por exemplo, podem resultar num aumento do custo da mão de obra. Isto poderia aumentar os custos de fabrico para uma empresa americana de sapatilhas sediada na Malásia, o que resultaria num aumento do preço cobrado por um par de sapatilhas que um consumidor americano poderia comprar no seu centro comercial local.

4.20IMPORTAÇÕES E EXPORTAÇÕES

Um produto que é vendido ao mercado mundial é designado por exportação e um produto que é comprado ao mercado mundial é uma importação. As importações e exportações são contabilizadas na secção da balança corrente da balança de pagamentos de um país.

O comércio mundial permite que os países ricos utilizem os seus recursos - por exemplo, mão de obra, tecnologia ou capital - de forma mais eficiente. Diferentes países são dotados de diferentes activos e recursos naturais: terra, trabalho, capital, tecnologia, etc.

Isto permite que alguns países produzam o mesmo bem de forma mais eficiente, ou seja, mais rapidamente e a um custo mais baixo. Por conseguinte, podem vendê-lo mais barato do que outros países. Se um país não puder produzir um bem de forma eficiente, pode obtê-lo através do comércio com outro país que o possa fazer. Isto é conhecido como especialização no comércio internacional.

4.21VANTAGEM COMPARATIVA

Por exemplo, a Inglaterra e Portugal têm sido historicamente utilizados, já em *A Riqueza das Nações* de Adam Smith, para ilustrar como dois países podem beneficiar mutuamente ao especializarem-se e comercializarem de acordo com as suas próprias vantagens comparativas. Nesses exemplos, diz-se que Portugal tem vinhas abundantes e pode produzir vinho a baixo custo, enquanto a Inglaterra é capaz de fabricar tecidos a preços mais baixos, dado que as suas pastagens estão cheias de ovelhas.

De acordo com a teoria das vantagens comparativas, cada país acabaria por reconhecer estes factos e deixaria de tentar fabricar o produto cuja produção interna era mais dispendiosa, em favor do comércio. De facto, com o tempo, a Inglaterra deixaria provavelmente de produzir vinho e Portugal deixaria de fabricar tecidos. Ambos os países se aperceberiam de que era vantajoso redirecionar os seus esforços para produzir aquilo em que eram relativamente melhores a nível interno e, em vez disso, trocar entre si para adquirir o outro.

Estes dois países aperceberam-se de que poderiam produzir mais se se concentrassem nos produtos em que têm uma vantagem comparativa. Nesse caso, os portugueses passariam a produzir apenas vinho e os ingleses apenas algodão.

Cada país pode agora criar uma produção especializada de 20 unidades por ano e comercializar proporções iguais de ambos os produtos. Como tal, cada país tem agora acesso a ambos os produtos a custos mais baixos. Podemos ver então que, para ambos os países, o custo de oportunidade de produzir ambos os produtos é maior do que o custo de se

especializar.
A vantagem comparativa pode contrastar com a vantagem absoluta. A vantagem absoluta conduz a ganhos inequívocos da especialização e do comércio apenas nos casos em que cada produtor tem uma vantagem absoluta na produção de um determinado bem.
Se um produtor não tivesse qualquer vantagem absoluta, então nunca exportaria nada. Mas verificamos que os países sem qualquer vantagem absoluta clara ganham com o comércio porque têm uma vantagem comparativa.
A vantagem comparativa, como mostrámos acima, mostrou de forma célebre como a Inglaterra e Portugal beneficiavam ao especializarem-se e comercializarem de acordo com as suas vantagens comparativas. Neste caso, Portugal era capaz de produzir vinho a baixo custo, enquanto a Inglaterra era capaz de fabricar tecidos a baixo custo. Ricardo previu que cada país acabaria por reconhecer estes factos e deixaria de tentar fabricar o produto cuja produção era mais dispendiosa.

4.22COMÉRCIO LIVRE VS. PROTECCIONISMO

Como em todas as teorias, existem pontos de vista opostos. O comércio internacional tem dois pontos de vista contrastantes no que diz respeito ao nível de controlo exercido sobre o comércio entre países.

Comércio livre

O comércio livre é a mais simples das duas teorias. Esta abordagem é também por vezes designada por economia do laissez-faire. Com uma abordagem laissez-faire, não existem restrições ao comércio. A ideia principal é que os factores da oferta e da procura, que operam à escala global, garantirão que a produção se processe de forma eficiente. Por conseguinte, nada deve ser feito para proteger ou promover o comércio e o crescimento, uma vez que as forças de mercado o farão automaticamente.

Protecionismo

O protecionismo considera que a regulamentação do comércio internacional é importante para garantir o bom funcionamento dos mercados. Os defensores desta teoria acreditam que as ineficiências do mercado podem prejudicar os benefícios do comércio internacional e têm como objetivo orientar o mercado em conformidade. O protecionismo existe sob muitas formas diferentes, mas as mais comuns são as tarifas, os subsídios e as quotas. Estas estratégias tentam corrigir qualquer ineficiência no mercado internacional.
Como o comércio internacional abre a oportunidade de especialização e, portanto, de utilização mais eficiente dos recursos, tem o potencial de maximizar a capacidade de um país para produzir e adquirir bens. Os opositores do comércio livre global argumentam, no entanto, que o comércio internacional ainda permite ineficiências que deixam os países em desenvolvimento comprometidos. O que é certo é que a economia global está num estado de mudança contínua. Assim, à medida que se desenvolve, o mesmo acontece com os seus participantes.

O que cria a necessidade de comércio internacional?

O comércio internacional resulta das diferenças existentes em determinadas áreas de cada nação. Normalmente, as diferenças em termos de tecnologia, educação, procura, políticas governamentais, leis laborais, recursos naturais, salários e oportunidades de financiamento estimulam o comércio internacional.

Quais são as barreiras mais comuns ao comércio internacional?

As barreiras ao comércio internacional são políticas que os governos implementam para impedir o comércio internacional e proteger os mercados nacionais. Estas incluem subsídios, tarifas, quotas, licenças de importação e exportação e normalização.

4.23ACORDOS SOBRE PRODUTOS DE BASE

Acordo internacional sobre produtos de base

Um **acordo internacional sobre produtos de base** é um compromisso assumido por um grupo de países para estabilizar o comércio, os fornecimentos e os preços de um produto de base em benefício dos países participantes. Um acordo envolve normalmente um consenso sobre as quantidades transaccionadas, os preços e a gestão das existências. Alguns acordos internacionais sobre produtos de base funcionam apenas como fóruns de intercâmbio de informações, análise e discussão de políticas.

A partir de 2023, os Estados Unidos participam num acordo de comércio de produtos de base: o Acordo Internacional sobre as Madeiras Tropicais. O acordo estabelece uma organização intergovernamental com um conselho diretivo. O Gabinete do Representante Comercial dos Estados Unidos lidera a participação dos EUA neste acordo.

4.24ACORDO INTERNACIONAL DO CAFÉ

A Organização Internacional do Café (OIC) é a principal organização intergovernamental para o café. Os membros exportadores da OIC representam mais de 97% da produção mundial de café, e os membros importadores são responsáveis por cerca de 80% do consumo mundial de café. A OIC contribui de forma prática para a economia mundial do café e para a melhoria dos padrões de vida nos países em desenvolvimento, facilitando a consulta e a coordenação intergovernamental no que respeita às políticas e prioridades do café, encorajando uma economia mundial do café sustentável, iniciando projectos de desenvolvimento do café para acrescentar valor e melhorar a comercialização, aumentando o consumo mundial de café através de actividades inovadoras de desenvolvimento do mercado, promovendo a melhoria da qualidade do café, trabalhando em estreita colaboração com a indústria mundial do café através de uma Junta Consultiva do Setor Privado, composta por 16 membros, e assegurando a transparência do mercado do café com informações objectivas e abrangentes sobre o sector cafeeiro mundial através de estatísticas e estudos de mercado.

Os Estados Unidos lideraram esforços em torno de 2007 para renegociar o AIC, que resultaram na adoção do sétimo Acordo Internacional do Café (AIC de 2007) pelo Conselho Internacional do Café em 28 de setembro de 2007. O novo AIC foi concebido para reforçar o papel da OIC como fórum para consultas intergovernamentais, aumentar suas contribuições para informações significativas e transparência do mercado e assegurar que a organização desempenhe um papel único no desenvolvimento de capacitação inovadora e eficaz no setor cafeeiro. Entre as caraterísticas do novo acordo está um primeiro "Fórum Consultivo sobre Financiamento do Setor Cafeeiro", para promover o desenvolvimento e a divulgação de inovações e melhores práticas que permitam aos produtores de café gerir melhor os aspectos financeiros da volatilidade e dos riscos inerentes a mercados competitivos e em evolução. Outras mudanças notáveis incluem a expansão do trabalho da organização no fornecimento de informações estatísticas e de mercado relevantes e o reforço dos esforços para desenvolver, analisar e implementar projectos de capacitação que são particularmente importantes para os pequenos agricultores nos principais países em desenvolvimento parceiros comerciais.

4.25ACORDO INTERNACIONAL SOBRE AS MADEIRAS TROPICAIS

O Acordo Internacional sobre as Madeiras Tropicais (AIMT) é frequentemente descrito como um acordo "híbrido" porque combina um acordo tradicional de comércio de produtos de base com objectivos que incluem a gestão sustentável das florestas tropicais. O AIMT criou a Organização Internacional das Madeiras Tropicais (OIMT), uma organização intergovernamental com 59 membros que, coletivamente, representam cerca de 80% das florestas tropicais do mundo e 90% do comércio anual de madeiras tropicais. A OIMT promove a transparência do mercado através da recolha, análise e divulgação de dados sobre a produção e o comércio de madeiras tropicais; ajuda a desenvolver, financiar e executar projectos e outras actividades destinadas a reforçar as capacidades de gestão e utilização sustentáveis das florestas tropicais; e facilita a consulta intergovernamental e a cooperação internacional sobre questões relacionadas com o comércio e a utilização das madeiras tropicais e a gestão sustentável dos seus recursos.

As negociações para um acordo sucessor do ITTA 1994 foram concluídas em 2006 e espera-se que o novo acordo (ITTA 2006) reforce ainda mais os esforços para promover o comércio de madeiras tropicais no contexto da gestão sustentável das florestas tropicais.

4.26BALANÇA DE PAGAMENTOS

4.27O QUE É A BALANÇA DE PAGAMENTOS (BOP)?

A balança de pagamentos (BP) é o método que os países utilizam para monitorizar todas as transacções monetárias internacionais num período específico. A BP é normalmente calculada trimestralmente e em cada ano civil.

Todas as transacções realizadas pelos sectores público e privado são contabilizadas na BP para determinar a quantidade de dinheiro que entra e sai de um país. Se um país recebeu dinheiro, isso é conhecido como um crédito, e se um país pagou ou deu dinheiro, a transação é contada como um débito.

Teoricamente, a BdP deveria ser zero, o que significa que os activos (créditos) e os passivos (débitos) deveriam ser equilibrados, mas, na prática, isso raramente acontece. Assim, a BP pode dizer ao observador se um país tem um défice ou um excedente e de que parte da economia provêm as discrepâncias.

PRINCIPAIS CONCLUSÕES

- A balança de pagamentos (BOP) é o registo de todas as transacções financeiras internacionais efectuadas pelos residentes de um país.
- Existem três categorias principais da balança de pagamentos: a balança corrente, a balança de capital e a balança financeira.
- A balança de transacções correntes é utilizada para marcar a entrada e a saída de bens e serviços num país.
- A conta de capital é onde são registadas todas as transferências internacionais de capital.
- Na balança financeira, são documentados os fluxos monetários internacionais relacionados com o investimento em empresas, bens imobiliários, obrigações e acções.
- A balança corrente deveria estar equilibrada em relação à balança financeira e de capital combinada, deixando a BP a zero, mas isso raramente acontece.

4.28COMO É DIVIDIDA A BALANÇA DE PAGAMENTOS (BOP)

A balança de pagamentos está dividida em três categorias principais: a balança corrente (que inclui uma balança de bens e serviços, uma balança de rendimento primário e uma balança de rendimento secundário), a balança de capital e a balança financeira. Dentro destas três categorias existem subdivisões, cada uma das quais representa um tipo diferente de transação monetária internacional. 1 **A Conta Corrente**

A balança corrente é utilizada para registar as entradas e saídas de bens e serviços num país. Os rendimentos dos investimentos, tanto públicos como privados, são também registados na balança corrente2.

Banco de Reserva da Austrália

Dentro da balança corrente estão os créditos e débitos sobre o comércio de mercadorias, que inclui bens como matérias-primas e bens manufacturados que são comprados, vendidos ou doados (possivelmente sob a forma de ajuda). Os serviços referem-se a receitas provenientes do turismo, transportes (como a taxa que deve ser paga no Egito quando um navio passa pelo Canal do Suez), engenharia, honorários de serviços empresariais (de advogados ou consultores de gestão, por exemplo) e royalties de patentes e direitos de autor.

O conjunto dos bens e serviços constitui a balança comercial de um país (BOT). A BdC é normalmente a maior parte da balança de pagamentos de um país, uma vez que constitui o total das importações e exportações. Se um país tem um défice da balança comercial, importa mais do que exporta, e se tem um excedente da balança comercial, exporta mais do que importa.

Os recebimentos de activos geradores de rendimento, como os stocks (sob a forma de dividendos), são também registados na balança corrente. A última componente da balança corrente são as transferências unilaterais. Trata-se de créditos que são, na sua maioria, remessas de trabalhadores, que são salários enviados para o país de origem de um nacional que trabalha no estrangeiro, bem como ajuda externa recebida diretamente.

A conta de capital

A conta de capital é o local onde são registadas todas as transferências internacionais de capital. Refere-se à aquisição ou alienação de activos não financeiros (por exemplo, um ativo físico como um terreno) e de activos não produzidos, que são necessários para a produção mas não foram produzidos, como uma mina utilizada para a extração de diamantes2.

A balança de capital decompõe-se em fluxos monetários resultantes do perdão da dívida, da transferência de bens e activos financeiros por migrantes que saem ou entram num país, da transferência de propriedade de activos fixos (activos como o equipamento utilizado no processo de produção para gerar rendimento), da transferência de fundos recebidos para a venda ou aquisição de activos fixos, de impostos sobre doações e heranças, de impostos por morte e, por último, de danos não segurados em activos fixos.

A conta financeira

Na balança financeira, são documentados os fluxos monetários internacionais relacionados com o investimento em empresas, bens imobiliários, obrigações e acções. Incluem-se também os activos detidos pelo Estado, como as reservas externas, o ouro, os direitos de saque especiais (DSE) detidos no Fundo Monetário Internacional (FMI), os activos privados detidos no estrangeiro e o investimento direto estrangeiro. Os activos detidos por estrangeiros, privados e oficiais, são também registados na balança financeira.6

4.29COMO O BOP É EQUILIBRADO

A balança corrente deveria ser equilibrada em relação ao conjunto das balanças de capital e financeira; no entanto, como já foi referido, isso raramente acontece. Devemos também notar que, com taxas de câmbio flutuantes, a mudança no valor da moeda pode aumentar as discrepâncias da BP.

Se um país tiver um ativo fixo no estrangeiro, este montante emprestado é marcado como uma saída da balança de capital. No entanto, a venda desse ativo fixo seria considerada uma entrada na balança de transacções correntes (rendimentos de investimentos). O défice da balança corrente seria assim financiado.

Quando um país tem um défice da balança de transacções correntes financiado pela balança de capitais, o país está, na realidade, a renunciar a activos de capital em troca de mais bens e serviços. Se um país está a pedir dinheiro emprestado para financiar o seu défice da balança de transacções correntes, isso aparece como uma entrada de capital estrangeiro na balança de pagamentos.

4.30PARA QUE SERVE A BALANÇA DE PAGAMENTOS (BOP)?

A BP analisa as transacções de uma economia com o resto do mundo. Trata-se de um indicador importante da saúde de uma economia.

4.31QUAL É A PARTE MAIS IMPORTANTE DO BOP?

A balança comercial (BOT), que é a combinação de bens e serviços (também conhecida como o total de importações e exportações), é a maior parte da BOP. Permite saber se um país tem um excedente ou um défice comercial.

Referências

Adeleke, E.A., A.D. Olabode e S.O. Oriola, (2021). Extremidade climática e extinção da flora numa zona de floresta tropical selecionada, sudoeste da Nigéria. Int. J. Agric. Innovation Technol. Globalisation, 2: 108-124

Adesmi, A.A. (1982). "Produtividade e Eficiência do Uso de Recursos na Produção de Milho na África do Sul".

Farm Settlement of Western Nigeria" *Ife Journal of Agriculture,* Vol. 4. Nos 1&2,pp:119-131.

Alexandratos, Nikos, ed. (1995). *World Agriculture Towards 2010, An FAO Study.* Chichester, Inglaterra: John Wiley.

Alimi, T. (2000). "Resource-Use Efficiency in Food Crop Production in Oyo State of Nigeria" *Journal of Agriculture and Environment,* Volume 1, Número 1, PP: 1-7

Anhalt, M.D. e R.P.P. Almeida, (2008). Efeito da temperatura, estágio de vida do vetor e período de acesso à planta na transmissão do *Banana bunchy top virus* para a bananeira. Fitopatologia, 98: 743-748

Bansil, P. C. (1999). *Demand for Food grains by* 2020ad. Nova Deli: Observer Research Foundation.

Brown, Lester R., Gary Gardner e Brian Halweil. (1999). *Beyond Malthus: Nineteen Dimensions of the Population Challenge.* New York: W. W. Norton.

Burdon, J.J., P.H. Thrall e L. Ericson, (2006). A dinâmica atual e futura da doença em comunidades vegetais. Annu. Rev. Phytopathol, 44: 19-39

Cohen, Joel E., e Nina V. Federoff, eds. (1999). *Colóquio sobre Plantas e População: Is There Time?* Washington, D.C.: Academia Nacional de Ciências.

Devereux, Stephen. (2000). *Famine in the Twentieth Century.* Documento de Trabalho 105. Sussex, Inglaterra: Instituto de Estudos para o Desenvolvimento.

Dyson, Tim. (1996). *Population and Food: Global Trends and Future Prospects.* Londres e Nova Iorque: Routledge.

Organização das Nações Unidas para a Alimentação e a Agricultura (FAO). (2015). Base de dados FAOSTAT. http://faostat3.fao.org/download/Q/*/E

Garrett, K.A., S.P. Dendy, E.E. Frank, M.N. Rouse e S.E. Travers, (2006). Alterações climáticas
efeitos sobre as doenças das plantas: Dos genomas aos ecossistemas. Annu. Rev. Phytopathol, 44: 489-509

Ghini, R. e M.A.B. Morandi, 2006. Factores bióticos e abióticos associados ao solo supressividade a *Rhizoctonia solani.* Sci. Agric., 63: 153-160

Ghini, R., W. Bettiol e E. Hamada, (2011). Doenças em culturas tropicais e de plantação afectadas pelas alterações climáticas: Conhecimentos actuais e perspectivas. Plant Pathol, 60: 122 132

Haramoto, E.R. e E.R. Gallandt, (2004). Culturas de cobertura de brássicas para a gestão de infestantes: A review. Renewable Agric. Food Syst., 19: 187-198

Howatson, M.C. (1989). *The Oxford Companion to Classical Literature.* Oxford University Press, ISBN 0198661215

Kubkomawa, H., H.U. Olawuye, L.J. Krumah, E.B. Etuk e I.C. Okoli, (2015). Requisitos de nutrientes e disponibilidade de recursos alimentares para o gado pastoral na África tropical: A review. J. Agric. Crop Res., 3: 100-116

L A Are, E M Igbokwe, C LA Asadu, e G.S Bawa (2013). Certificado abrangente de ciências

agrícolas para escolas secundárias seniores, University Press PLC, Ibadan. Pp. 753.
Lewis e Reinhold (1990). *Civilização Romana Volume I.* Columbia University Press,. ISBN 0231071310
McCleary, R.M. e R.J. Barro, 2006. Religion and Economy [Religião e Economia]. J. Econ. Perspect., 20: 49-72
Needham, Joseph. *Science and Civilization in China: Volume 6, Biologia e Tecnologia Biológica.* Caves Books Ltd, 1984. ISBN 0521250765
Nuberg, I.K., (1999). A posse da terra. In: Encyclopedia of Environmental Science, Alexander, D.E. and R.W. Fairbridge (Eds.), Springer, Dordrecht, ISBN: 978-1-4020-4494-6, pp: 376379.
Olabode, A.D., (2016). Avaliação da capacidade produtiva da agricultura irrigada e não irrigada: Uma panaceia para a produção sustentável de arroz em Patigi, Nigéria. Sarhad J. Agric., 32: 40-49
Onakuse, S., (2012). O futuro da agricultura de subsistência na comunidade rural de Uzanu, Estado de Edo, Nigéria. J. Agric. Food Syst. Commun. Dev., 3: 61-71
Olabode, A.D., (2015). Variação climática: Implicações na produção sustentável de arroz em Igbemo-Ekiti, Estado de Ekiti, Nigéria. Albanian J. Agric. Sci., 14: 249-255
Olabode, A.D., (2022). Avaliação das propriedades físico-químicas do solo num ambiente selecionado de derrame de petróleo na Nigéria. Res. J. For., 16: 151-157
Olabode, A.D. e L.T. Ajibade, (2010). Conflito induzido pelo ambiente e desenvolvimento sustentável: A case of fulani/farmers' conflict in Oke-Ero LGAs, Kwara State, Nigeria. J. Sustainable Dev. Afr., 12: 259-273
Olabode, A.D., (2014). Desenvolvimento de um sistema de informação sobre o uso do solo para detetar o uso do solo perturbado em parte de Akure, Estado de Ondo, Nigéria. Int. J. Phys. Soc. Sci., 4: 90-101
Olabode, A.D., (2022). Avaliação dos métodos de gestão agrícola para a produção sustentável de inhame na Nigéria. SVU-Int. J. Agric. Sci., 4: 65-73
Olukosi, J.O. e Ogungbile, A.O. (2005). *Introdução à economia da produção: Principles and Application.* Agitab Publishers Ltd. Zaria Nigéria 112 PP.
Sada, M.D. (2006). Economics of Groundnut Production in Selected Local Government Areas of Sokoto State uma Dissertação de Mestrado não publicada, Departamento de Economia Agrícola e Extensão da Universidade Usumanu Danfodiyo de Sokoto. 62PP.

MIX
Papier aus verantwortungsvollen Quellen
Paper from responsible sources
FSC® C105338

Printed by Books on Demand GmbH, Norderstedt / Germany